与其战战兢兢 不如放手一搏

人生无需恐惧

主编 拾月
编著 曾甍

图书在版编目（C I P）数据

与其战战兢兢　不如放手一搏：人生无需恐惧
曾薨编著. -- 北京：现代出版社, 2015.4（2024.4重印）
ISBN 978-7-5143-3520-0

Ⅰ.①与… Ⅱ.①曾… Ⅲ.①成功心理－通俗读物
Ⅳ.①B848.4-49

中国版本图书馆 CIP 数据核字(2015)第 067936 号

与其战战兢兢　不如放手一搏：人生无需恐惧

主　　编　拾　月
编　　著　曾　薨
责任编辑　王敬一
内文制作　诚美天下文化传播有限公司
出版发行　现代出版社
地　　址　北京市安定门外安华里 504 号
邮　　编　100011
电　　话　(010)64267325
传　　真　(010)64245264
邮　　箱　xiandai@cnpitc.com.cn
网　　址　www.1980xd.com
印　　刷　唐山富达印务有限公司
开　　本　700mmx1000mm　1/16
印　　张　9
版　　次　2015 年 5 月第 1 版　2024 年 4 月第 4 次印刷
书　　号　ISBN 978-7-5143-3520-0
定　　价　57.00 元

前言

青少年是社会最宝贵的财富，是人类的希望和未来，正所谓“少年强则国强”。正因为如此，大至一个国家、一个民族，小至一个家庭、一个家族，都特别重视青少年的教育问题。希望他们成为社会的中坚，家族的骄傲。一句话，就是希望他们成为成功的人。于国，能成为有用的人才；于家，能成为顶梁柱。不仅仅要学习好，还要有辨别人世间的善、恶、美、丑的能力。在每个人的人生中，除了需要自身的因素之外，还需要拥有感受世界的能力。

奋斗、入迷，能够凝结青春的斗志，坚定自己的思想，让青少年变得愈加阳光朝气。

愤怒、恐惧，能够学会操控自己的情绪，让自己无所畏惧的前行。

哀伤、困惑，能够端正青少年人生态度，获得积极的正能量。

时间、低调，能够规划行动，懂得韬光养晦，让人生不在纠结、忧郁中度过。

成就、心态，能够体会到收获的喜悦，修炼出一颗无比强大的内心。

青春，是每一个人最美好的一段时光，也是每个人人格、性格定型的重要阶段，在这个时期，我们需要享受青春的快乐，同时也需要完成自我塑造。通过心理自助，最终从一个小男生、小女生逐渐成长为一个有着健全人格的人，成长为一个对社会、对家庭、对自我有着相对完整认知的人，成长为能够为自己的未来做主的人。这才是一个最充实、最有价值的青春。每个梦想都值得我们认真对待，每个青少年都是未来的希望。在青春之中，我们不仅要有欢乐，同时也要拥有未来！

本丛书是你化解烦恼的“心灵鸡汤”，可以给你增加快乐的心理自助法则；本丛书会让你认识到：掌控心理，方能掌控世界；改变自己，才能改变一切。本丛书还将告诉你：只有实现积极的心理自助，才能收获快乐而充实的青春。

目录

第一篇 轻视恐惧：畏惧不足以占据整个心灵

第二篇 调整心理：塑造不易惊恐的好情绪

第三篇 突破瓶颈：有些事，一努力就能做到了

目录

第四篇 挣脱束缚：越过黑暗方可抵达光明

第五篇 巧妙回避：尽量避开那些没必要的恐惧

第一篇

轻视恐惧：畏惧不足以占据整个心灵

在这个世界上，无论我们来自于哪儿，去往何方，又做些什么，我们总会遇到一个不速之客——恐惧，也许在漆黑的夜晚，又或是陌生的建筑，可能是喧闹的人群，或是死寂的广场，总有这样一个时刻，当我们受到折磨之时，当我们无法用经验和理性来判断事物之时，当我们感觉心灵正被撕裂之时，我们会战栗，那是恐惧在我们内心结着厚茧。它源自每个人的内心深处，却又影响着我们的四肢百骸。

很多恐惧源自“自己吓自己”

故事话题

古代夏水口的南边有一个人，名字叫涓蜀梁。他为人愚蠢，胆子又小，很容易被吓到。一天夜里，他一个人在皎洁的月光下赶路，越走心里越害怕。月光照在他身上，投下一个黑黝黝的影子，他走一步影子也跟着走一步。他低下头一看，顿时大惊，心里想：一定是有小鬼紧紧缠上自己了！再抬头一看，更是吓得魂不附体。

只见自己的头发飘呀飘的，影子也披头散发，这一定是另一个长鬼的头发啊！他顿时吓得魂飞魄散，于是拔腿回头就跑。他跑得越快，“小鬼”和“长鬼”也跑得越快。跑呀跑，始终摆脱不了两个“鬼”的纠缠。等他上气不接下气地回到家里，又是惊恐、又是疲累，气绝而死。

这难道不是非常悲哀的事吗？一般人以为有鬼，必定是他在慌乱害怕、神志不清的时候胡思乱想而来的。

故事解析

恐惧属于生命的一部分，人们在劫难逃，它以不同的面貌伴随着我们，从诞生之初的第一声啼哭，直至濒死前呼出的最后一口气，我们都处在恐惧之中。

人类并非没有尝试过终结恐惧，因为恐惧，各种巫术、宗教与科学纷纷诞生，人们希望从中获取克服、减缓、战胜，甚至哪怕是约束恐惧的对策。然而无论是哪种方法都宣告失败，恐惧这种情感依然在人类的七情六欲中列一席之地，虽然相比于前人，如今的我们，更能忍受恐惧，但人类试图无忧无虑度过一生的美梦却破灭了，无论是人的依赖之心，还是对死亡的觉悟，都反映在恐惧之中。

恐惧与我们密不可分，虽然是一个普遍的现象，但每个人体验到的却又都不一样，怕死、怕付出，怕麻烦以及其他形形色色的东西。我们可以接受命运带来的恐惧，但我们应该有一种积极面对恐惧的态度。

危难当头，恐惧往往是一个信号或警告，激励我们打败它。接收害怕的讯息，克服恐惧，可以让我们成长成熟；避开它，不正面响应，会让我们停滞不前——无法战胜恐惧的人如同长不大的小孩。而一旦我们战胜了恐惧，人生便又往前迈进一步。

故事穿越

美国著名的心理学爱马丁·加德纳，原来是医生。他竭力反对把实情告诉癌症患者。他认为，在美国630万死于癌症的病人中，80%的是被吓死的，其余的才是真正病死的。

他曾做过一个著名实验：让一位死囚躺在床上，告之将被执行死刑，然后用木片在他的手腕上划一下，接着把预先准备好的一个水龙头打开，让它向床下的一个容器滴水，伴随着由快到慢的滴水节奏，结果那个死囚昏了过去。

1988年，他把实验结果公布出来时，虽遭到司法当局的起诉，但他用事实告诉了世人：精神才是生命的真正脊梁，一旦从精神上摧垮一个人，那么这个人的生命也就变形了。

现在，加德纳是美国横渡大西洋——3俱乐部的心理教练。在他的指导下，一个叫伯来奥的人一举成名，这位男子乘着独木舟从法国的布勒斯特出发，横跨大西洋和太平洋，历时6个半月到达澳大利亚的布里斯班，创造单人独舟横渡两大洋的吉尼斯纪录。

有人怀疑，加德纳是不是又在拿运动员做实验？加德纳反驳说：我从没有做过什么实验，我只是在证实精神的作用。从伯来奥的成功经历，我可以向世人宣布，从前横渡大西洋的人之所以失败或死亡，他们不是死于体力上的限制，而是死于精神上的崩溃，死于心理上的恐慌和绝望。

故事微语

克服恐惧带来的进步和巨大的成就感与恐惧带来的痛苦相比不值一提。

想想刚出襁褓时蹒跚学步的幼童，颤巍巍丢开妈妈的手，不出两步就要摔跤，到喜笑颜开，追着玩具车奔跑的小孩；想想第一次上学的情形，从脱离家庭的呵护，进入一个陌生的团体，紧张得不想离开家，到放学后书包一丢，欢快地抱着皮球迎着夕阳走向操场的少年；想一想青春期的骚动，从初次与异性邂逅，对性的好奇与渴望，到成立起一个家庭的艰涩和感动；想想我们首次进入公司面试的紧张和敬畏，到我们成为面试他们的人，在对方不安的脸上我们再也看不见自己的恐惧……

恐惧虽然存在，且将一直存在下去，并不代表我们就要臣服于它的脚下，人生漫长，世界广袤，其中有着许多抗衡恐惧的力量，勇气，信任，知识，希望，信仰和爱，这些元素都能让我们抑制恐惧，甚至分析恐惧。诚然，人不可能完全摆脱恐惧，但切莫让恐惧占据整个心灵。

心灵箴言

不要把生命浪费于怀疑与恐惧中。

——[美] 爱默生

我曾看见一个小女孩摸了一下一个很大的虫子，然后大声喊着“太好了！我不怕了！”然后再镇定地走开。我因此而倍受启发。

——[加拿大] 内森·菲利安

恐惧是一面哈哈镜，它那夸张的力量把一个十分细小的、偶然的筋肉悸动变成大得可怕、漫画般清楚的图像，而人的想象力一旦被激起，又会像脱缰的马一般狂奔，去搜寻最离奇、最难以置信的各种可能。

——[奥地利] 茨威格

因为积极乐观，所以无所畏惧

故事话题

威尔玛·鲁道夫出身于美国一个铁路工人家庭。她出生时，因为早产险些夭折，后来又患了小儿麻痹症，结果左腿萎缩，无法走路，必须靠穿着铁架矫正鞋才能勉强行走。年龄越大，她的忧郁和自卑感越来越重，她甚至开始封闭自己，但有一个例外：邻居家那位失去胳膊的老人，是她无话不谈的忘年交。老人是在战争中失去一只胳膊的，但他却很乐观。经常讲故事给鲁道夫听。

有一次，她坐在轮椅上被老人推着到附近的一所幼儿园去玩，操场上孩子们动听的歌声吸引了他们。一首歌唱完后，老人说：“我们为他们鼓掌吧！”她吃惊地看着老人，问：“你只有一只胳膊，怎么鼓掌啊？”老人笑了笑，解开衬衣扣子，露出胸膛，然后用一只手掌拍起了胸膛。

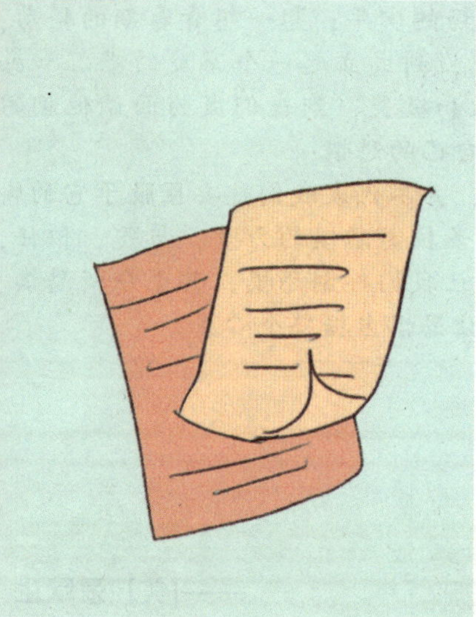

当晚，鲁道夫写了一张纸条贴到墙上，上面写着：“一只巴掌也能拍响。”从那以后，她开始全力配合医生治疗。不管多么艰难和痛苦，她都咬牙坚持着，因为她相信自己总有一天也能够像其他孩子一样行走，甚至奔跑。

11 岁的时候，她终于扔掉了铁架矫正鞋。开始学习打篮球和参加田径运动。13 岁那年，她第一次参加中学举办的短跑比赛，得了最后一名。在学校里，她参加的每一项比赛都是最后一名。所有人都劝她放弃，但她还是坚持跑着。终于有一天，她跑了倒数第二，渐渐地，她开始赢得比赛。

16 岁那年，威尔玛入选美国国家队。在 1956 年墨尔本奥运会上，她参加了 4×100 米接力赛，和队友一起获得了铜牌。1960 年罗马奥运会女子 100 米决赛中，当她以 11 秒 18 第一个撞线时，全场掌声雷动，人们都站立起来为她喝彩，齐声欢呼着她的名字。那一届奥运会上，威尔玛·鲁道夫成为世界上跑得最快的女人，她共获得了 100 米、200 米和 4×100 米接力赛 3 枚金牌，被誉为“女欧文斯”。

故事解析

一个人往往没有办法选择命运，可是凭借个人的努力去征服命运，却是世界上每一天都在发生的实实在在的事情。故事主角威尔玛·鲁道夫说："任何时候都不要放弃希望，哪怕只剩下一只胳膊；任何时候都不要放弃梦想，哪怕残疾得不能行走。"

人生在世一百年，会当纵横九万里。然而不如意事常八九。倘若每次都为自己不如意的境遇长吁短叹，又有多少时光能任你蹉跎呢？

不妨把不如意的事情看做一本书，或是一场电影，把你的悲伤也放进其中，当你难受的时候，想想如果真是在书中戏中，主角会怎么做，届时你就能明白"去留无意，闲看庭前花开花落；宠辱不惊，漫随天际云卷云舒"的心境了。

既然悲观于事无补，那我们何不用乐观的态度来对待人生，守住乐观的心境呢。

故事穿越

凯文乘船到英国，途中遇到暴风。船上的很多人都惊惶失措。只有一个老太太非常平静地在祷告，神情十分安详。

风浪过去后，凯文好奇地问这位老太太："你为什么一点儿都不害怕？"

老太太回答说："我有两个女儿，大女儿已经被上帝接走，去了天堂；二女儿还住在英国。刚才风浪大作的时候，我向上帝祷告说，如果接我回天堂，我就去看大女儿，如果留住我的性命，我就去看二女儿。不管去哪里，我都可以同我心爱的女儿在一起，我怎么会害怕呢？"

故事微语

有时候，守住乐观的心境实在是一件不容易的事，悲观的念头铺满了寻常的生活，稍不留神就坠入其中，而乐观则需要努力，需要智慧才能保持。

须知任何事物都有积极的一面和消极的一面，问题就在于我们用怎样的心态去对待它们。在看待事物时，你如果总想着事情糟糕的一面，那你永远也快乐不起来；如果你能在一件不好的事情中努力发现其中较好的一面，那么即便这件事情的确是不好的，也会给你带来良好的心情。

有些人往往认为，他们现在的心态是周围环境造成的。环境的确能够影响心态，但反过来，心态也能塑造环境，世界如何对待你，很大程度上取决于你如何看待世界。人生是由我们自己把握的。只要摆正心态，专心走自己的路，你会发现环境不但无法左右你，你甚至能够改变它。

一个人所持的心态往往决定他一生的命运。做一个积极心态者并不是要你否认消极因素的存在，只是为了不让自己沉溺其中。若能心存光明，即使身陷黑夜，也能照亮前路。

心灵箴言

一切的和谐与平衡,健康与健美,成功与幸福,都是由乐观与希望的向上心理产生与造成的。

——[美] 华盛顿

我们曾经为欢乐而斗争，我们将要为欢乐而死。因此，悲哀永远不要同我们的名字连在一起。

——[捷克] 伏契克

开朗的性格不仅可以使自己经常保持心情的愉快，而且可以感染你周围的人们，使他们也觉得人生充满了和谐与光明。

——罗兰

别让恐惧把你摧毁

故事话题

美国小说家纳撒尼尔·霍桑的长篇小说《红字》描述了一个关于犯下心灵罪恶寻求救赎和忏悔的故事。

年轻的海丝特·白兰太太因为和丈夫没有爱情，与其他男子约会并产下一女。在清教徒集会的小镇上被认为犯了通奸罪而受到审判，面对绞刑的严惩，海丝特·白兰拒不说出和她通奸的对象。

“我永远不会说出孩子的父亲是谁的。”

她因此被拉去当街“示众”三小时。戴上红色的标志，象征着Adultery[通奸]的大红色的A。并被强制要求永远佩带那个代表着耻辱的红字。

然而任凭折磨，对于那个男人，海丝特·白兰就是不肯吐露半个字，“但愿我能在忍受我的痛苦的同时，也忍受住他的痛苦！”海丝特·白兰说。

若干年过去了，海丝特·白兰出狱后，带着自己的女儿小珠儿靠着针线技艺维持着生活，她们离群索居，那鲜红的A字将屈辱深深烙在了海丝特·白兰的心里。但她并未因此而沉沦，

海丝特·白兰从来与世无争，只是毫无怨尤地屈从于社会的最不公平的待遇；她也没有因自己的不幸而希冀什么报偿；她同样不依重于人们的同情。于是，在她因犯罪而丧失了权利、被迫独处一隅的这些年月里，大大地赢得了人心。她除了一心一意的打扮女儿小珠儿外，她还尽自己所能去帮助穷人，用宽大的心去包容一切，人们开始不再把那红字看作是罪过的标记，而是当成自那时起的许多善行的象征。

而海丝特·白兰通奸的对象——丁梅斯代尔牧师，多年以来一直饱受着这个众人眼中肮脏秘密的摧残，作为一个牧师，他不但隐瞒了自己的罪恶，更要目睹和参与海丝特·白兰的审判，虽然他的胸前没有佩带红字，

但是，同样的红字在他的生命里一直燃烧着。

最终，丁梅斯代尔牧师内心的负罪感及良心的谴责最终战胜了他出逃的意志，在经过绞刑台的时候，他在海丝特·白兰的搀扶下登上了绞刑台，他拉着女儿珠儿，在众人面前说出了在心底埋藏了七年的秘密，他就是小珠儿的父亲，他扯开了法衣的饰带，露出了红字，在众人的惊惧之声中，这个受尽蹂躏的灵魂与世长辞。

许多年过去后，故事中的人们渐渐都被忘却了，然而红色的大 A 标识，却成为了一个新的象征——善良和圣徒的象征，Angle(天使)。

故事解析

《红字》中，丁梅斯代尔牧师始终处于一种脆弱无助的心理状态，他被自己的“失足”和背叛上帝的举动吓坏，身心都遭到了极为残酷的打击，他试图用愧疚来填满他生命中缺失的诚信，然而最后落得身死名裂的下场。

而海丝特·白兰，一开始人生就处于毁灭的边缘，佩戴着的红字几乎将她钉死在人世间道德的刑台之上，她公开地承受过错所带来的惩罚，并通过近乎苦行的生活对自己救赎，从而坦然自尊地生活下去，并将那个耻辱的标志 A 变成德行的象征。

人非圣贤孰能无过，如果你不慎犯下了过错，或是经历了重创，你是否能像海丝特·白兰那样，迎着众人的目光重新开始，获得新生？还是如丁梅斯代尔牧师那样，因为恐惧而一生背负着沉重的包袱？有时候，放下心头的包袱，比扛起千斤重担更需要勇气。

故事穿越

日本有个 70 岁的老先生，拿了一幅祖传的画到电视台上节目，要求“开运鉴定团”的专家鉴定。他说，他的父亲说这是价值连城的宝物，他总是战战兢兢地保护着，由于自己不懂艺术，想请专家鉴定画的价值。

结果揭晓，专家认为它是赝品，连一万日元都不值。主持人问老先生：“您一定很难过吧？”来自乡下的老先生脸上的线条却在短时间内变得无比柔软，他憨厚地微笑道：“啊！这样也好，不会有人来偷，我可以安心地把它挂在客厅里了。”

故事微语

老先生的自我解嘲令人感慨：失去竟然可以比拥有轻松。其实，失去并不可怕，可怕的是我们内心的希望和快乐也因此而失去。

人生在世，有得有失，有盈有亏。有人说得好，你得到了名人的声誉或高高在上的权力，同时就失去了做普通人的自由；你得到了巨额财产，同时就失去了淡泊清贫的欢愉；你得到了事业成功的满足，同时也失去了奋斗的目标。我们每个人如果认真地思考一下自己的得与失，就会发现，在得到的过程中也确实失去了某些东西。整个人生就是一个不断地得而复失的过程。在这个过程中，你会失去许多，但是，你同样也会收获很多。

生命是一条河，趟过去的人慢慢成熟，趟不过去的人逐渐堕落。成长往往是由痛苦相伴的，因为在成长中，我们不断在错误与失败中徘徊。青春在身上时，灵魂是不羁的，当没有人为你做主时，你便是你世界中的主宰。

青春那样的短暂，时光不会逆流，如果不想在无法挽留的时候才想起回头的话，那么现在就重新开始吧，因为暗淡的岁月并没有错，错的是我们安于暗淡。

心灵箴言

表现勇敢则勇气来；往后退缩则恐惧来。

——[英] 康拉德

谁恐惧，谁就要受折磨，并且已经受着他的恐惧的折磨。

——[法] 蒙田

谁能把生死置之度外，他就会成为新人。谁能战胜痛苦和恐惧，他自己就能成为上帝。

——[俄] 陀思妥耶夫斯基

告诉自己：没有什么大不了

故事话题

德国有一位名叫班纳德的人，他活到50岁还没死，简直是一个奇迹，他就像电影《死神来了》中的主人公那样被“死神”盯上了，一生遭受了200多次磨难，因此“荣晋”为世界上最倒霉的人，但同时也成为世界上最坚强的人。

他出生后14个月，摔伤了后背；又从楼梯上掉下来摔残了一只脚；再后来爬树时又摔伤了四肢；有一次骑车时，一阵大风把他吹了个人仰车翻，膝盖又受了重伤；13岁时掉进了下水道，差点窒息而死；一辆汽车失控，把他的头撞了个大洞，血如泉涌；又有一辆垃圾车，倒垃圾时将他埋在了下面；还有一次他在理发屋中坐着，突然一辆飞驰的汽车撞了进来……

他一生倒霉无数，在最为晦气的一年中，竟遇到了17次意外。但更令人惊奇的是，这位老人居然心中还充满着希望，因为历经了200多次磨难，他的内心已经被锻炼的如铁似钢。死神来了两百多次，却一次都没能得逞，再也没有比这更让老人得意的事情了。

故事解析

人生不可能一帆风顺，一旦磨难出现，首先承受考验的就是你的意志力和行动力。只有能够承受住磨炼的人才能创造出崭新的天地，所谓“物竞天择，适者生存。”

人们最出色的成绩往往是在挫折中做出的。文王拘而演《周易》；仲尼厄而作《春秋》；屈原放逐，乃赋《离骚》；左丘失明，厥有《国语》；孙子膑脚，《兵法》修列；不韦迁蜀，世传《吕览》；韩非囚秦，《说难》、《孤愤》；《诗》三百篇，大抵圣贤发愤之所为作。

我们在埋怨自己生活多磨难的同时，不妨想想先贤和这位德国老人的人生经历，或许还有更多多灾多难的人们，与他们相比，我们的困难和挫折算什么呢？灾难或许的确可怕，但如果我们的内心足够自信与强大，生命就能屹立不倒。

如果能在磨难中坚持下去，磨难实在是人生不可多得的一笔财富。有人说，不要做在树林中安睡的鸟儿，要做在雷鸣般的瀑布边也能安睡的鸟儿，就是这个道理。磨难并不可怕，只要我们学会去适应，那么磨难带来的逆境，反而会让我们拥有进取的精神和百折不挠的毅力。

故事穿越

在一座寺庙里，住着一位老和尚和一位小和尚，师徒俩整日打坐诵经，日子过得很安静。可是小和尚总觉得自己过得很不快乐，整天为了一些鸡毛蒜皮的小事唉声叹气。后来，他对师父说：“师父啊！我总是烦恼，一点小事都可以让我抓狂，请您指点我吧！”

老和尚说：“你先去集市买一袋盐。”

小和尚摸着头买了回来，老和尚吩咐道：“你抓一把盐放入一杯水中，待盐溶化后，喝上一口。”小和尚喝完后，老和尚问：“味道如何？”

小和尚皱着眉头答道：“还用问吗，咸死了。”

然后，老和尚又带着小和尚来到湖边，吩咐道：“你把剩下的盐撒进湖里，再尝尝湖水。”

小和尚撒完盐，弯腰捧起湖水尝了尝，老和尚问道：“什么味道？”

“湖水的味道……”小和尚答道。

“有咸味吗？”老和尚又问。

“没有。”小和尚答道。

老和尚叹了口气，对小和尚说道：“生命中的痛苦就像盐的咸味，我们所能感受和体验的程度，取决于我们将它放在多大的容器里。”

故事微语

老和尚所说的容器，其实就是我们的心量，它的“容量”决定了痛苦的浓淡，心量越大痛苦越轻，心量越小痛苦越重。心量小的人，容不得，忍不得，受不得，装不下大格局。有成就的人，往往也是心量宽广的人，看那些“心包太虚，量围沙界”的古圣大德，都为人类留下了丰富而宝贵的物质财富和精神财富。

其实，我们每个人一生中总会遇到许多盐粒似的痛苦，它们在苍白的心空下泛着清冷的门光，如果你的容器有限，就和不快乐的小和尚一样，只能尝到又咸又苦的盐水。

心量是大还是小，在于自己愿不愿意敞开。一念之差，心的格局便不一样，它可以大如宇宙，也可以小如微尘。心如大海，可容纳百川江河；心似白云，能遨游天涯海角；心如高山，内藏珍禽猛兽。心有多大，世界就有多大。

朋友，假如生活欺骗了你，不要悲伤，不要叹息，忧郁的日子里需要镇静，相信快乐的日子将会来临，一切都是瞬息，一切都将会过去。告诉自己，没什么大不了的，敞开你的心扉，你就不会迷失方向。

心灵箴言

自暴者，不可与有言也；自弃者，不可与有为也。

——孟子

不要因为一次挫折就放弃你原来决心要达到的目标。

——[英] 莎士比亚

这世界除了心理上的失败，实际上并不存在什么失败，只要不是一败涂地，你一定会取得胜利的。

——[英] 亨·奥斯汀

不怕伤痛，过后就是想要的幸福

故事话题

在美国南北战争时期，一位老妇人的儿子被征召到边界参加战斗。一年之后，当邻居家儿子的尸体被运回村庄的时候，这位老妇人忍不住替自己的儿子感到担心，于是她就向那些运回邻居儿子尸体的士兵打听自己儿子的消息。其中有一个人说认识自己的儿子，但是他告诉老妇人，在一次战斗结束之后，她的儿子被炸断了一条腿，后来他就再也没有见到她的儿子。

战地的医疗条件是极其艰苦的，得知儿子失去一条腿，老妇人感到伤心极了。自己的儿子还那么年轻，他从前是那样充满活力，现在他失去了一条腿，而且在那么艰苦的条件下也许伤口还会受到感染……老妇人越想越觉得后果不堪设想，后来她甚至想到也许自己的儿子早就失去生命了，因为那个认识他的士兵说以后再也没有见到他，而且他也没有像其他伤员一样回到家乡。

一想到这些，老妇人简直悲痛欲绝，从此以后她便茶不思、饭不想，天天以泪洗面。几年过去了，儿子依旧没有音信，老妇人依旧沉浸在失去儿子的悲伤之中，但是她已经无力哭泣了，因为她已经被过度的悲痛折腾得筋疲力尽，此时正躺在床上奄奄一息。就在老妇人行将逝去的那一刻，邮差送来了儿子寄来的信件和一大批珠宝，原来儿子并没有死，只是在伤好之后被派到国外机密部门工作了，由于工作内容相当保密，所以不便于和家人联系，现在他完成了在国外的任务并且受到了国家的重大嘉奖，终于可以回到家里与母亲团聚了，然而母亲却等不到他回家的那一刻了。

故事解析

悲伤恐怕是这世界上最接近正面的负面情感了，不同于恐惧，更不同于残忍，如同骄傲一般，往往让人正负难辨，它常用来表达失去亲人的痛苦，也体现出心中的苦恼和担忧，有时还可以释放郁结于心中的太多压力。正因为如此，才有人以悲伤为由逃避自我，甚至伤害自己和他人。

正常来说，适度的悲伤既可以体现人间真情，又有助于人们通过抒发情感的方式来减轻精神的压抑。但是任何事情都要有度。

然而悲伤偏偏容易过度。这世上最悲伤的事，莫过于与亲人的生离死别，我们就此担惊受怕，对亲人的思念和担忧，在我们生活中留下异常的阴暗、寒冷和空虚的空洞，这空洞会令人们感到全部身心都被抽空。从此自己的世界不复存在，你若安好便是晴天，你若有事我也不想活。

故事中的母亲因为对儿子的过分思念和悲伤，竟然失去了生活下去的力量，没能等到母子再相会的那一天，从而留下了无尽遗憾。

人的一生难免会碰到不幸，命运屡屡会抛出磨难来考验我们，坚强的人排除万难接受考验，并一次一次地战胜磨难，软弱的人则在磨难面前低下了头，任由自己跌入悲伤情绪的牢狱。所以当你跌入人生谷底的低潮时刻，当你感到无法抑制的悲伤，当身旁所有的人都开始安慰你要坚强、要快乐些时。请不要再以悲伤为名拒绝他们，请试着在悲伤中展颜一笑。

故事穿越

本和艾丽是一对新婚夫妻，他们在 2009 年结婚，刚刚买了新房。在他们的新房子里，他们拍下了一组超级有爱的结婚照。可是，噩耗袭来，在他们结婚 1 年半以后，一场癌症夺走了艾丽的生命。2011 年，她离开了他们，留下了小女儿和本。

为了怀念艾丽，本又拿起了相机，他和小女儿一起拍下了一组新的照片，这组新照片的场景和结婚照里的一模一样，照片里，门框还是那个门框，楼梯也还是那个楼梯，可站在本身边的，已经不再是那样的艾丽了。

本的小女儿替代了妻子的位置。

本把这组照片和他的结婚照放在一起。本说，我跟女儿重现当年的情景，是想告诉她，在当年这个小家庭开始的地方，两个人是怎么构想有她之后的生活，然后就真正有了她。

本给孩子买了一个水晶做的天使，他们管叫她“Mommy”，他们每天都在跟她说话，就好像妈妈真的在听一样。

许多人问他，拍这么一组照片会不会很伤感，本说，“我虽然很难过，但是，这不是一个关于悲伤的故事，这是一个关于爱的故事。”

故事微语

丧恸之情几乎是无法抚慰的，然而我们一生都不可避免地要经历这样的时刻：骨肉亲情突然中断，亲人的脸庞突然从生活中消失，我们居然要从照片中才能见上一面，亲情变得不可修复，我们陷入巨大的悲痛之中，体味痛苦的煎熬和对逝者的无尽思念。

但是，我们终究要从悲痛中恢复过来，继续过日子。生离死别诚然无法抗拒，但怎样去面对它才是你能够亲手掌控的，是沉沦于哀伤，还是像故事中的本一样，以无所不能的爱来包容丧恸？

在莎士比亚笔下，克劳狄斯劝说他的侄子哈姆雷特忘记丧父之痛说，“你的父亲也曾失去过一个父亲，那失去的父亲自己也失去过父亲；……既然我们知道那是无可避免的事，无论谁都要遭遇到同样的经验，那么我们为什么要这样固执地把它介介于怀呢？”

尽管克劳狄斯的罪恶已经是臭气熏天，但他却道出了关于丧恸的真理和王子不幸的源泉。哈姆雷特无视了克劳狄斯的劝说，终究酿成悲剧。

悲剧将人生毁灭，悲伤亦然。剧作家之所以做悲剧，是希望人们不忘这精彩的人生，你是否能记起那精彩的人生，而忘却眼前的悲伤？

心灵箴言

忧伤能伤人，绿鬓变霜鬓。

——李白

我命运中一切不痛快的事情都会由愉快来补偿。

——[苏联] 高尔基《肯斯科伊家的大娘》

适度的悲伤是对死者应有的情分，过分的哀伤是摧残生命的仇敌。

——莎士比亚

只有经历地狱般的磨炼，才能炼出创造天堂的力量；只有流过血的手指，才能弹出世间的绝唱。

——[印度] 泰戈尔

第二篇

调整心理：塑造不易惊恐的好情绪

我们在生活中、学习中、工作中甚至在休闲中都,难免遇到一些烦心事，像一座大山压在心头，影响我们的思路，心情，甚至令人抑郁、烦躁不安。其实人的一生不可能风平浪静，人说不经历风雨，又怎能见彩虹。关键在于在遇到困扰时，我们该怎样调节自己的心态，让自己重新树立信心，释怀一切烦恼，积极面对困境，用乐观豁达的心态去感悟生活、去拼搏奋斗。

追求平淡安定的生活

故事话题

“采菊东篱下，悠然见南山”，在陶渊明之前，魏晋名士嵇康早就过上了这样的生活。他字叔夜，本姓奚，祖籍会稽（今浙江绍兴），其先人因避仇迁家谯国侄县（今安徽宿县西南），改姓嵇。（“嵇”，盖以纪念祖籍会“稽”）。“竹林七贤”的领袖人物。三国时魏末著名的诗人与音乐家，是当时玄学家的代表人物之一。

嵇康为人耿直，他幼年丧父，励志勤学。后娶长乐亭主（一说为曹操孙女，曹林之女；一说为曹操曾孙女，曹林之孙女）为妻，在曹氏当权的时候，做过中散大夫的官职。后来司马昭当政，曾想拉拢嵇康，但嵇康倾向曹室一边，对于司马氏采取不合作态度，以至于辞官不做。

嵇康家道清贫，但不求名利，他常与向秀在树荫下打铁，不为谋生，只是因为自己喜欢。司马昭始终惦记着嵇康的才华，希望他能为自己效力，因此派出自己的心腹钟会想结交嵇康。一日，钟会前来拜访，带来大批官员，嵇康一见这场面就很反感，没理睬他，只是低头干活，钟会呆了良久，怏怏欲离，这时嵇康发话了：“何所闻而来？何所见而去？”钟会立即答道：“闻所闻而来，见所见而去”，说完就拂袖而去。

钟会以此为耻，深恨嵇康，常在司马昭面前说他的坏话。司马昭见嵇康毫无回转的余地，便借口吕安一案除掉了吕安和嵇康。当时太学生三千人请求赦免嵇康，愿拜嵇康为师，司马昭不许。临刑时，嵇康神色自若。奏《广陵散》一曲，从容赴死。

故事解析

人从小到大充满了很多欲望，为了实现这些欲望，人们常常会想尽各种办法，动用各种可以利用的手段。可是，人的欲望是无止境的，当一种愿望实现以后，他们还会绞尽脑汁去追求另外的目标。其实，当这些整天为了自己的欲望奔忙的人，停下来反观自身的时候，他才发现平淡的生活才是最好的生活。

追求平淡安定，并不是让人不去奋斗，人生在世，奋斗是促进人类进步的要素之一，也是人们生活的动力之一；但人们往往把欲望和奋斗混为一谈，在现代社会中，物欲的诱惑是可怕的，如果不能管住自身的欲望，让欲望支配的话，人生便成为了欲望的牢笼，永无止境的索取将会让你的人生变得庸俗和腐臭。

能否控制住欲望，是是否自由的标志，哲语说：“人的自由并不仅仅在于做他愿意做的事，而在于永远做他不愿做的事。”任何自由都是有限度，有规律的，如果不能控制住不休的欲望，你的身体和精神都难获自由。

故事穿越

河马整天都泡在河泥中，他向往斑马在原野上的狂奔，他心想大家都是马，凭什么我就要呆在这该死的泥潭之中发臭呢？

河马想摆脱这样的生活，于是他把自己身上洗刷得干干净净，涂上彩色的条纹，装作斑马的样子，跑到猴子面前说：“为了梦想狂奔吧少年！你知道我是谁吗？”

猴子淡定地说：“河马大哥，要狂奔先去减减肥吧，你那肚子贴着地面，跑起来不得磨穿了啊。”

河马很受伤，回去就减肥，终于把肚子减掉了，河马兴奋地又去见猴子，神气地说：“为了梦想狂奔吧少年！这回你该认不出我是谁了吧。”

猴子还是淡定地说：“河马老大，你那鼻子那眼睛，还有你那口头禅，我闭上眼都能认出你来。”

河马很受打击，回家后就决定整容，他整得和斑马一模一样，从生活方式到说话习惯，河马统统改变，他觉得自己终于成了斑马的时候，便来到了猴子面前，这回真是连猴子也认不出来了。于是河马兴奋地离开了河水，和斑马们生活在一起。

然而不幸的是，在一次狼群的突袭中，河马被咬死了，当狼的利齿撕咬到他骨头，一阵寒冷袭来的时候，河马回忆起了河里的泥巴，突然觉得那泥巴很温暖。

故事微语

人不可能没有欲望，但如果自己的欲望过剩，往往会陷入困境甚至绝境，比如金钱，比如权利，比如美色。就像河马一样，你可以做一只特立独行的河马，但你永远也成不了一匹哪怕最普通的斑马。

人应该要有一颗淡泊之心，不为名利所累，不为世俗所扰，不以物喜，不以己悲，这不是件很容易就能做到的事情。需要树立起独特的人生观、价值观，不追逐名利，但也不反感仇视名利，可以超然于物外，但又不能不食人间烟火，脱离于社会。这是一种中庸的平淡心态，在追名逐利唯恐不及的现代社会里，这种心态能于利不趋，于色不近，于失不馁，于得不骄。它能让你安于清贫，也能在你事业有成之时时时警醒而不用求神拜佛，有了它，你会彻悟人生的真谛，进入宁静高远的生命境界。

心灵箴言

君子喻于义，小人喻于利。

——孔丘

真正有气质的淑女，从不炫耀她所拥有的一切，她不告诉人她读过什么书，去过什么地方，有多少件衣服，买过什么珠宝，因为她没有自卑感。

——亦舒

生活中只有5%的比较精彩，也只有5%的比较痛苦，另外的90%都是在平淡中度过。而人都是被这5%的精彩勾引着，忍受着5%的痛苦，生活在这90%的平淡之中。

——白岩松

不做亏心事，不怕“鬼”叫门

故事话题

纪晓岚《阅微草堂笔记》里记录了这样一个故事。

当时的司农曹竹虚有个堂兄，从安徽歙县到江苏扬州去办事。半路上正好顺道去看他的一个朋友。

朋友见了曹堂兄也很高兴，便和他在书房聊天，当时正值盛夏，曹堂兄和朋友聊到很晚，聊得兴起，就不想走了，他见朋友的书房十分惬意凉爽，便对朋友说：“这房子可真凉快，眼下天已经大黑，客店怕也没有上房了，不如就在你这睡一晚。”

那朋友听了连连摆手说：“不是兄弟不留你，你明天再来，这房子你随便用，只有一样，我这书房闹鬼，晚上千万不可住人呐。”

曹堂兄笑了：“你这借口也太假了，要我走，也得编个好理由，你若没有别的事，这房子我住定了。”

朋友没辙，只好让他住下，说你可别后悔，曹堂兄不以为然，只当朋友说笑。

眼瞅到了深夜，曹堂兄看书乏了，准备上床睡觉，忽然看见有东西从门缝间慢慢进入，像夹带的纸一样薄。进入房间后，便展开化为人的模样，仔细一看，竟然还是个女子的模样。

曹堂兄盯着那女子看了半天，一拍手笑着说：“好呀，原来这里还真有鬼。”却完全不怕。那女鬼见曹堂兄镇定自若，心想我这人模人样你是不怕，于是披散头发，吐出猩红长舌，装出一副吊死鬼的样子。以为曹堂兄这下要跪地求饶了。

不料曹堂兄还是笑着说：“你这头发不错，只是有些凌乱；舌头嘛，也稍稍长了些，不过视觉效果还是不够强啊，我一点都没被吓住。”

那鬼听了，忽然又摘下自己的头放到桌子上。曹堂兄又笑着说：“有头的鬼我都不怕，何况你这无头之鬼？”

那女鬼使出浑身招数，也吓不住曹堂兄，只好遁去了。

等到曹堂兄从扬州回来时，又住到了这里。到了深夜，门缝再次有东西蠕动，这次并未整个儿进来，只露出了脑袋往屋子里扫了一眼，见曹堂兄在，便唾骂道：“呸，怎么又是这个败我兴致的家伙！”便没有再进去了。

故事解析

曹堂兄不怕鬼怪，甚至敢拿鬼怪开刷，除了胆够肥，心够大，肺够健康之外，恐怕也说明他平生没做什么亏心事吧。

人如果心胸坦荡，自认无愧于天地，无愧于社会，则心绪宁静，百怪不侵，即使遇上了什么邪魔之事，也能泰然处之，因为问心无愧，天地自有公道，哪怕真有鬼，又能把我怎样？

与之相反的是不知自我约束的人，做了亏心之事，生活中波折不断，任何小小的挫折都会被他们联想到鬼神之上，有时候明明是巧合，他们也会担惊受怕，时刻处在惊慌恐惧之中。有多害怕，也就说明做过的亏心事有多大。

人一旦做了亏心事，先是恐惧，慢慢就麻木不仁了。但是，如果尚有人性，良知会使他们的内心无法平静，人也无法安宁，行不义之事，难免寝食难安，他们往往盼许着侥幸，希望可以免受惩处，但担惊受怕也是一种惩处，良心上面的阴影如附骨之钉将永远追随。他们在道德上的亏欠会一直折磨着他，直到彻底赎罪的那一天为止。

故事穿越

还是纪晓岚的《阅微草堂笔记》，这回不是曹堂兄，是纪大烟袋的亲姥姥，张老太太的故事。

话说张老太太家里养了只小花狗。照理说大户人家养狗，伙食应该不错，但不知为什么，这小花狗经常去厨房偷肉吃，这就让张老太太府上的奴婢头疼了。

因为在大户人家生活，甭管是人是狗，只要犯了个偷字，总没有好事，万一狗狗哪天不偷肉吃了，改偷珠宝了怎么办，到时候府上失窃什么贵重物品，追查起来大家都不好看，张老太太府上的奴婢们想到这层，便齐心合力地把这只小花狗给掐死了。

掐死就掐死吧，但这事情可不能报上去，大伙儿便瞒着张老太说狗狗走丢找不见了，张老太有些心疼，却也无可奈何。本来这事情这样就算过去了。可杀狗凶手之中，却有个叫柳意的婢子出了事。

柳意自从跟大伙儿一起杀死小花狗之后，便犯了梦魇，只要一闭眼，马上就会梦见小花狗咬她，好几次都被咬得鲜血淋漓而惊醒，柳意熬不住，便把这事跟大伙儿一说，想跟大伙儿分享一下自己的不幸遭遇，没想到一传十十传百，这事情最后分享到张老太太那里去了。

张老太太知道这件事，便对家里人说："我就说嘛，小花狗那么乖，怎么会走丢？原来是有人害了它。可这狗是婢子们一起杀的，为什么它的鬼魂偏偏就缠着柳意？我看啊，这柳意怕也偷吃过厨房的肉，小花狗不服气吧。"

于是让家丁拷问柳意，结果还真是如此。

故事微语

人活着，无论多大的磨难和挫折，都不可怕，最怕的就是良心受到谴责。做了错事坏事，或许可以逃过别人的眼睛，甚至一时逃过法律的制裁，但是唯一逃不过的，是自己心灵的谴责。

背负着心债过日子，其中滋味可想而知。人的心灵是身体里柔软的地方，它最娇贵，受不得任何的负担和伤害。一个人应该时时刻刻呵护好自己的心灵，不让它有负担，不使它染尘埃，给它一个自由干净的空间。

心安理得做事，坦坦荡荡做人，没有任何的心灵上的负担，这就够了，对普通人来说，没有烦心事就是最大的幸福。不拿昧心钱，不做亏心事，过最自在的生活，享受最简单的幸福。

心灵箴言

良心的责备比什么都痛苦。

——巴金

你有一天将遭遇的灾祸是你某一段时间疏懒的报应。

——法国谚语

幸福不是奖赏，而是结果；苦难不是惩罚，而是报应。

——[美] 英格索尔

读书多的人自然从容淡定

故事话题

高尔基从小就有强烈的读书愿望，他在学校时，成绩很好，获得过最优奖，然而贫困使他只上了两年学。10岁时就走入冷酷的“人间”。他当过学徒，搬运工人，守夜人，面包师。还两度到俄国南方流浪，受尽苦难生活的折磨。但他十分喜欢读书，在任何情况下，他都要利用一切机会，扑在书上如饥似渴地读着。如他自己所说：“我扑在书上，就像饥饿的人扑在面包上一样。”

他为了读书，受尽了屈辱。10岁时在鞋店当学徒，没有钱买书，就到处借书读。那时的学龄前徒，实际上是奴仆：上街买东西，生炉子，擦地板，洗菜带孩子……每天从早晨干到半夜。在劳累一天之后，他常常利用深夜看书。他用罐头做了个油灯，收集主人烛盘里的残油，躲在储藏室、板棚等处苦读。实在找不到油灯，他就在月光下看书。在极端艰难困苦的环境里坚持读书。

老板娘禁止高尔基读书，还到阁楼上搜书，搜到书就撕碎。因为读书，还挨过老板娘的毒打。高尔基为了看书，什么都能忍受，甚至甘愿忍受拷打。他说过：“假如有人向我提议说：‘你去广场上用棍棒打你一顿！’我想，就是这种条件，我也可以接受的。”

故事解析

在犹太教义中，大人们让孩子们亲吻涂有蜂蜜的书本，是为了让他们记住，书本是甜的，要让甜蜜充满人生就要读书。

高尔基的生活并不甜蜜，幸好他还有书可读。他出生于木匠家庭，4岁被带到他外祖父处由外祖父养大，本来家中富裕，但外祖父破产之后，高尔基在10岁的时候便被迫出来工作，他遍尝人间疾苦，思考社会关系，对他而言，阅读是为了积累知识，有了这些知识，他就可以摆脱这种贫贱的生活，得以实现自己的人生理想。

若干年之后，当他成为俄国最伟大作家之一，回忆起这段读书经历的时候，心有余悸地说："书籍鼓舞了我的智慧和心灵，它帮助我从腐臭的泥潭中脱身出来，如果没有它们，我就会溺死在那里面，会被愚笨和鄙陋的东西呛住。"

故事穿越

美国18世纪著名政治家、科学家富兰克林自幼酷爱读书。小时候家里很穷没钱上学，富兰克林便独自谋生。但就算饿肚子，他都要把钱省下来买书读。

一天，富兰克林在路上看到一位白发老驱已经饿得走不动了。便将自己仅有的一块面包送给她。老妪看富兰克林的样子，也是一个穷人，不忍心吃他的面包。

“你吃吧，我包里有的是。”富兰克林说着拍拍那只装满书籍的背包。老妪吃着面包，只见富兰克林从背包里抽出一本书，津津有味地读起来。老妪惊奇地问：“孩子，你怎么不吃面包啊?”。富兰克林淡定地笑了，他回答说：“读书的滋味要比面包好多了。”

故事微语

汉朝有个叫孙敬的人，从小勤奋好学，他每天晚上学到深夜，有时候实在困得不行，他便用绳子的一头拴住头发，一头拴在房梁上，只要一打盹，头皮便是一阵剧痛，比紧箍咒还好使，是为悬梁。

战国时，有个名叫苏秦的人，胸有大志，为了事业他刻苦读书。但要事业的人往往就不要睡眠了，苏秦选择要事业，他准备了一把做裁缝用的锥子，每当自己打盹的时候，他便用锥子往大腿上狠狠刺一下，扎出血来不但很痛，还要包扎，这样一来就不想睡觉了，此为刺股。孙敬和苏秦的故事感动了古人，他们用“悬梁刺股”来表示读书人刻苦学习的精神。

人生折射一个世界。正所谓“读万卷书，行万里路”，阅读是一种充实人生的艺术。没有书的人生就像空心的竹子一样，空洞无物。而书本是人生最大的财富。

在中国传统文化中，读书是一种最高的境界，“万般皆下品，惟有读

书高。”读诗使人高雅，读史使人明智。读每一本书都会有不同的收获。“悬梁刺股”、“萤窗映雪”、“韦编三绝”、“映月读书”，自古以来，读书人通过一个又一个传奇的故事，烙下了一个民族酷好读书的印记。

而提升自我是每一个人的毕生追求，而这追求要靠读书来实现，“读万卷书，行千里路”。读书是一种最优雅的素质，能塑造人的精神，升华人的思想。读一本书便是交了一个朋友，教会我们如何去看待人生。

当你学会读书之后，你便了解了人生，变得从容淡定，前人的智慧装在你的脑海中，你跨越千年的时候来阅读他们的思想时，会发现，自己变得深沉，变得淡定，变得坚强，变得从容。

心灵箴言

三更灯火五更鸡，正是男儿读书时，黑发不知勤学早，白首方悔读书迟。

——颜真卿

书籍是在时代的波涛中航行的思想之船，它小心翼翼地把珍贵的货物运送给一代又一代。

——[美] 弗·培根

读书是我唯一的娱乐。我不把时间浪费于酒店、赌博或任何一种恶劣的游戏；而我对于事业的勤劳，仍是按照必要，不倦不厌。

——[美] 富兰克林

勇气能够帮你披荆斩棘

故事话题

有一个意大利人,他的父亲是一个赌徒,他的母亲是一个酒鬼。在他很小的时候,父母就离异了。他高中辍了学,成了无业游民。在 20 岁那年，他发现自己跟这个世界上的很多人相比，简直就不是人，他们的生活品质那样高，而自己却一塌糊涂，他不想重蹈父母的覆辙，他要改变自己的人生。

但要怎么做呢？做生意么，他没有本钱；找工作么，他又没有学历；那他能做什么呢，他想了想，他喜欢看电影，于是他想当演员。

他来到了美国，来到了好莱坞，找到了导演，他说，我要当演员。导演看了看他，说这是不可能的。他问为什么，导演说：“你的嘴是歪的，形象就有问题。”他大受打击，只好找了一份在好莱坞洗厕所的工作，薪水是 300 美金。

在厕所里，他经常能遇上不同的导演，每次遇到，他都要上去说：“导演，我要当演员。”每次导演都说：别逗了，不可能！一次又一次的拒绝，但是他从来不肯放弃，一直坚持了八百多次后，他走上了房顶，他觉得生活失去了意义，然而他没有跳下去，他还是重新拿起了勇气，他觉得如果直接当演员的话可能有点难度，不如先写剧本，打进娱乐圈再说。

有一天，他去看了一场拳击，对阵双方是世界拳王阿里和一个名不见经传的拳手，拳王只用了 15 分钟就击倒了对手，他看得大为震惊，他非常钦佩那个不知名的拳手，“天啊，在阿里面前一次次的被击倒，他居然能坚持 15 分钟，这真是太强了。”

于是他根据这场拳赛写出了一个剧本，他拿着新剧本去找导演，导演却没有看上，他接连找了很多导演，终于有个很大的电影公司愿意接他的剧本，他们愿意拿出 3 万美金买下他的剧本，但是，因为他坚持要演男主角，这个公司不得不放弃。

在无数次的拒绝之后，终于有个导演愿意给他机会，让他主演他剧本中的那个主角，说："你这个剧本，我们可以分成好几集来拍，但你只有一次机会，如果第一集不成功的话，我们会把你换掉的。"

影片拍出来之后，获得了巨大的成功，这部名叫《洛奇》的电影创下了当时全美的票房记录，而这个歪嘴的男人，成为了好莱坞顶尖的动作巨星，他是谁呢？他就是西尔维斯特· 史泰龙。

故事解析

生活中，我们需要成功的喜悦，需要挫折痛苦让我们成长，需要欢声笑语使我们轻松，但我们最需要的，是奔向前方的勇气。

我们需要勇气，因为我们在面对恐惧和困境时，内心的消极情绪会将我们吞噬，让我们失去希望，丧失战斗力，没有了精神支柱，也就没有了自信。让我们觉得生活失去了意义，就像史泰龙那样，我们亟需勇气的注入，却往往找不到它，当我们从自身遍寻勇气时，常常觉得空无一物，四肢无力。

然而勇气一直都在，它存在于自然所遍布的任何场景之中，只是我们没有发现它。想一想，野草从地砖的缝隙之中破土而出，那绕指柔的身躯突破钢铁般的混凝土地面，是何等的勇气，那是求生的意念，不放弃一点儿生存的机会；那是无畏的信念，对抗命运的牢笼。

古希腊联军横渡海峡木马围城，是为了荣誉而战，斯巴达克斯打破镣铐血战卡普亚，是为了自由而战，但归根结底，是勇气为他们而战。一旦你拥有了勇气，你定能披荆斩棘，无往不利。

故事穿越

为了进军咖啡业，20 世纪 80 年代美国最负盛名的连锁餐厅——加州扒房的总裁雷诺兹和比萨饼店的总裁戴比，分别派出商业密探，去调查对方公司对经营咖啡店的真实意图。密探调查的结果很快反馈到了两位总裁的手里，对方都是全美最有实力开发并经营咖啡店的公司，而且此次对咖啡店的开发是势在必得。

大家都很强，谁也不肯让步，面对僵局，两家公司的总裁犹豫了。如果双方都出巨资打造咖啡店抢占同一市场，很可能两败俱伤，后果不堪设想，于是，加州扒房和比萨饼店双双告退。

结果，谁也没有想到，一家名叫星巴克的咖啡店，以惊人的速度抢占了市场，遍布全美。时至今日，星巴克公司是北美地区一流的精制咖啡的零售商、烘烤商及一流品牌的拥有者。它的扩张速度让《财富》、《福布斯》等顶级刊物津津乐道，仅仅 10 多年时间，就从小作坊变成在全球拥有 5000 多家连锁店的大企业。

星巴克的成功让加州扒房和比萨饼店后悔莫及。

故事微语

许多人都说，星巴克从名不见经传的小咖啡店，到如今遍布世界的咖啡巨头，他的成功是夹在那两家著名的大公司中间捡了个大便宜，实际上，就算是个便宜，很多时候也需要极大的勇气去捡。

试想，星巴克成立的时候，并不知道加州扒房和比萨饼店要退出咖啡连锁的竞争，如果说加州扒房和比萨饼店面对的，仅仅是对方一家的实力；而星巴克所要面对的，却是这两家，星巴克的创立者只有鼓起了勇气面对挑战，最终收获了成功。

俗话说，狭路相逢勇者胜，它的成功完全取决于一种勇气。当市场的美好前景已被众所周知，当许多有实力的公司还在犹豫不决的时候，那么胜利就掌握在那个敢于出击的人的手中。

心灵箴言

勇敢是人类美德的高峰。

——[俄] 普希金

在全部的美德之中，最强大、最慷慨、最自豪的，是真正的勇敢。

——[法] 蒙田

你若失去了财产——你只失去了一点，你若失去了荣誉——你就丢掉了许多，你若失去了勇敢——你就把一切都丢掉了。

——[德] 歌德

用爱包容他人带来的麻烦

故事话题

李铎带着一大帮要好的同学到家里玩儿，杨安就在其中。李慧出来招待客人，把第一杯茶水送到杨安手里，杨安愣了，傻傻地说一声“谢谢”。

后来，杨安每天都会骑着“凤凰”牌自行车，等在李慧家山坡后的竹林边。在家绣花的李慧，只要听见铃铛响，便会撒个谎，从家里溜出来。

杨安带着李慧，一路穿过竹林，穿过了一段浪漫的岁月。正当杨安准备提亲时，李慧的父亲却要把李慧许配给一个远房亲戚。李慧性子烈得很，顶着父亲要断绝父女关系的压力，义无反顾地坐上杨安的“凤凰”自行车。没有任何嫁妆，她成了杨安的新娘。

经过浪漫激情的岁月，杨安耗尽了青春的朝气，终于被生活的琐碎摺倒了。在那间四处透风的土瓦房里，杨安染上了赌瘾。李慧辛辛苦苦攒下来买牲口的钱，被他一夜之间输个精光。钱没了，杨安又背着李慧，开始偷家里的米，出门前，往口袋里装上一把，就能再赌上一盘。有运气好的时候，赢了钱，杨安喜滋滋地往家跑，硬要把钱塞给李慧。李慧躲着他，说：“这钱，脏手哩。”

这世上，你要不是赌神，就只能当赌徒了，杨安输多赢少，又开始往口袋里藏米了，有时候输红了眼，连裤管卷里也要装点儿米。在那个年代，普通人家一年的口粮，又能装几次呢？第一次，米缸见了底，杨安饿昏了头，看着最后的那一层米说：“再去赌一把，我给你赢回一缸来！”

李慧哭了，一边帮他装最后的一点儿米，一边说：“输光了，你总该回心转意吧。”

天很晚了，杨安才回来，哭丧着脸，果真输得精光。他跪在李慧面前，痛哭流涕地说：“你咋就不跟我吵呢？”

李慧也哭，说：“身上没少啥部位吧？平安回来就好，回来就好。”

杨安往厨房跑，说：“我对不起你，我把这不争气的手指剁了给你。”

李慧一把抱住他，说：“还要用手干活儿哩。”

从那一天起，杨安再也没有赌过。

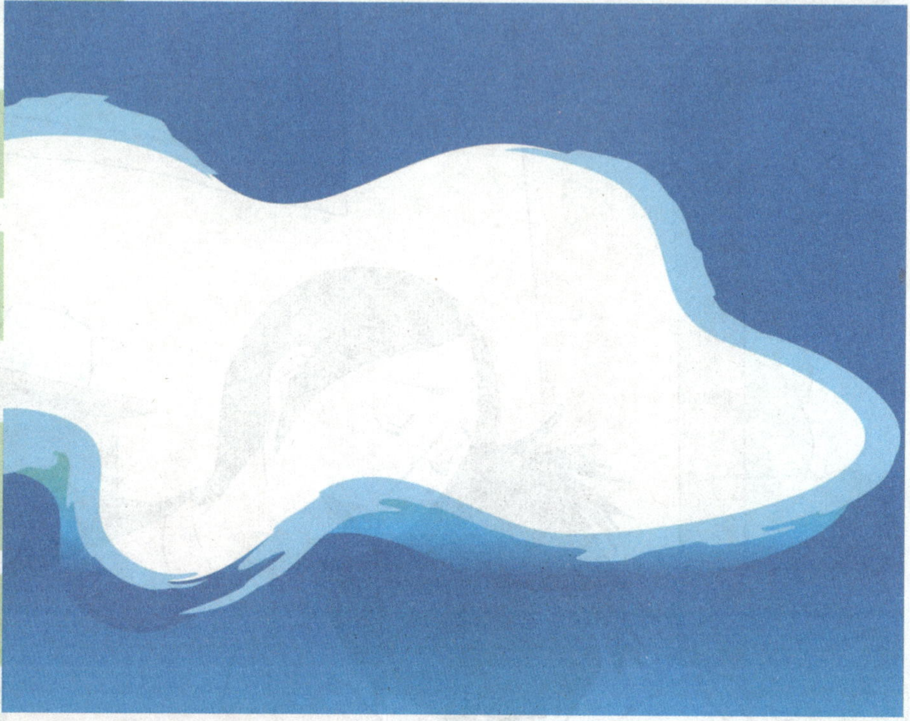

故事解析

杨安和李慧的故事让人温暖而感动，当爱的激情过后，生活趋于平淡，是什么样的智慧能让一个家庭如此和谐？又是什么样的智慧能让浪子回头？只能是宽容。

宽容可以让漫天的狂沙化为和煦的春风；宽容可以让污浊的湖水变得澄澈透明；宽容可以让凌冽的寒冬即刻春光和暖；宽容可以让贫瘠的戈壁拥有绿树成荫……

有位名人曾经说过：“你有一个思想，我有一个思想，交换后，我们都有两个思想。”因为分享，所以我们收获的更多，而因为包容，人类获得了进步。

当我们与家人或是朋友争吵时，一份宽容之心，一份包容的爱，会让所有的不愉快烟消云散，取而代之的是更坚固的亲情和友谊；当学生犯了错误时，老师宽容的笑容会让学生终身受益；当他人无意之间伤害到自己时，宽容会让我们获得尊重和新的朋友，宽容看似简单，却让这个世界如此美好。

故事穿越

吉米眼圈发青，神色黯然，面庞明显瘦削。几天不见，鬓角上有几根白发探出头来。一点没有新婚燕尔的喜庆。他坐在杜克医生的客厅里抽烟，一根接一根。杜克虽然好奇，但看他这副摸样，也不好多问，吉米花了钱来找他，肯定有话要说。

果然过了不久，吉米掐了手里的烟，开口说：“医生，你还记得我前妻吗？”

“黛安，我当然记得，她很会打扮自己。”杜克说。

“是啊，她确实很会打扮，你知道的，”吉米又点了一根烟说：“黛安毛病多，爱唠叨、家里家外没有她管不到的。特别爱花钱，又不干家务。她很喜欢趴在我身上撒娇说：咱们出去吃吧！偶尔在外面吃一顿，我还能忍受，可她三天两头要出去，那些年我们一直在吵架，最后只好分开了。”

杜克医生点头说：“黛安是有很多不足，但哥们，我敢说，她是个好人。”

“没错，她是的，而且也很漂亮，但这往往不够，”吉米接着说：“那次失败的婚姻让我幡然醒悟。再婚的时候我已经不看重外表了，我决定找一个省吃俭用，爱干净又不乱花钱的女孩。结果我找到了。”

“艾琳非常热心，而且很节俭，我当初也认为她很适合你。”杜克医生说。

“我也一度这么认为，不过你不知道的是，她太节俭，太爱干净了，家里不允许有一点灰尘，过分的是，她强迫我每次必须先进浴室洗澡，换上家居服才能吃饭，每当有亲戚朋友要来，她总会命令我和她大扫除，弄得我筋疲力尽。”

杜克同情地看着吉米，没有说话。

吉米接着说：“你以为这就完了？没完！艾琳要是单单只爱干净我也勉强能够忍受，可是她像猫盯耗子一样盯上了我的钱包，不许我花钱，你知道我每天吃什么吗，蔬菜沙拉！偶尔我说：咱们出去吃顿好的吧！天天老吃这些都没胃口了。可艾琳却说：出去吃不花钱吗……朋友，我实话告诉你吧，要不是我刚离过婚，我真想摔门走人。”

医生淡淡地说：“每个人都有缺点，两个各不相同的人结合在一起，就像两只满身长刺的刺猬一不小心就会扎到对方。生活在一起的两个人只有互相包容对方的缺点，去发现对方的优点，才能生活幸福。你的生活之所以压抑，是因为你只看见了对方的缺点，甚至在心里把她的缺点无限扩大化了，这让你的双眼蒙蔽，使你看不到她的优点。”

杜克递给吉米一杯原味咖啡，继续说道：“这咖啡苦涩难以下咽，但是加了奶和糖马上就变得香醇。生活也是如此，只要你在婚姻里加上爱和包容，就不难体会出幸福的味道，吉米，你是个聪明人，试着给咖啡加点奶糖吧。”

故事微语

琐碎的生活让我们备感疲倦，人人家中都有本难念的经，我们在烦闷中，总是放大别人的缺点，而无视对方的美好，矛盾正是这些点滴的汇总，而只有用一颗包容的心，才能把爱情进行到底。

人生在世，也许总是世事无常，可是我们每个人都拥有宽容的权利，即使是纳粹战犯，杀人不眨眼的魔头，尚且拥有宽容的权利，辛德勒对纳粹魔头阿姆恩说：“一个国王处决一个犯死罪的人，不叫权利，那叫正义；宽恕一个犯死罪的人，才叫权利。”

这些权利无一不是生命赋予我们的神圣而独特的权利。我们每个人都应该珍惜自己的这些权利，学会宽容，便是学会了爱。爱在包容之下，如涓涓细流汇成了奔腾不息的长河；如朵朵小花的芬芳交汇成芳香四溢的园林；如黎明前的那一线阳光却铺洒出了整个金色温暖的世界。

当你学会了包容时，爱将温暖心灵。

心灵箴言

不会宽容别人的人，是不配受到别人宽容的。

——[俄] 屠格涅夫

一个伟大的人有两颗心：一颗心流血，一颗心宽容。

——[黎巴嫩] 纪伯伦

紫罗兰把它的香气留在那踩扁了它的脚踝上。这就是宽容。

——[美] 马克·吐温

第三篇

突破瓶颈：有些事，一努力就能做到了

现代社会瞬息万变，混乱无秩序成为常态。然而从另一种角度来说，世界的混乱也反映出我们内心的骚动不安。你可以选择主动地创造生活，突破一直以来束缚自己的瓶颈；你也可以按照生活提供的模式，被动地接受生活给以的一切。毫无疑问，成功者都属于第一种人。

心中的阴影亟待被消除

故事话题

埃里克[化名]是一个普通的美国人，当他告诉别人要环美国行走的时候，很多人都说："哇，这需要勇气。"还有一些人说："你办不到的。"但体重181公斤的埃里克背着重重的背包，已经走了489公里。

埃里克已经是两个孩子的父亲了，但肥胖困扰着他。为了减肥，他决定从圣地亚哥出发徒步穿越整个美国，目的地是纽约。其实，减肥并不是埃里克唯一的目的，他之所以如此，是因为感到这次旅程注定会改变他的生活。

埃里克以前并不胖，年轻时在海军舰队服役，曾经也是一个俊朗的男子，有很多朋友，在加州，每天快乐地生活着。但在25岁那年，一场车祸改变了一切。两名乘客从十字路口下了巴士，他却没有看到，直到巴士从这两位乘客身上碾压了过去……

虽然这只是一场交通事故，埃里克并未被指控犯下重罪，只因交通肇事罪在监狱里呆了10天。但从那天开始，埃里克陷入了深深的自责中，他无法面对死者的家属。时光流逝，内疚却与日俱增，长期的抑郁使埃里克的体重无法抑制地不断上升。

埃里克的女友艾蓓莉在车祸后立刻嫁给了他，这给了埃里克极大的安慰和关怀。艾蓓莉非常理解丈夫，对于埃里克的决定，她没有多余的话，只是说："好吧，你去吧。"

于是埃里克于4月10日上路了，他计划10月到达纽约。埃里克每天大约走15英里，当他来到亚利桑那州的布尔黑德市时，他称了一下体重，发现自己每周约减了4英镑。他很高兴，如果能保持这样的步速，7月中旬就可以到达亚利桑那州温斯洛市，就像老鹰乐队的歌里面唱的"站在温斯洛的一角，看亚利桑纳州的美景"。

旅途中并不全是美景。也充满了艰难和痛苦。在66号公路[贯穿美国的一条公路]的旅程格外艰苦，埃里克几乎断水，长路漫漫，那次事故如噩梦般在他的脑海中反复浮现。他说："我知道这是不理智的，但有的时候我想象自己得到了报应，被一辆车撞死。虽然明白这样的事情

不会发生，但每当汽车擦身而过时，我的脑海中就会迅速闪过一个念头：报应来了。”

但埃里克最终走出了这份心理阴影，他不断告诫自己：“的确，那次事故令我厌恶自己，失掉自信。但现在我要试着让自己解脱并且生存下来。如果不这样做的话，会有更多的不幸发生——家人会因我而受到伤害，也许在 50 岁的时候，我就会因肥胖死掉，那个时候我的孩子只有 18 岁和 13 岁，他们年轻的心灵将承受巨大的痛苦。我不能让他们失去父亲，我要健康地活下去，做一个好爸爸。所以当到达纽约的时候，我要从过去 15 年失败的阴影中走出来，当我到达时，我便救赎了我自己。”

故事解析

埃里克的故事令人动容，无论过去发生过什么，那终究是过去之过，我们是否能从过去的牢笼中挣脱枷锁，这决定着你未来的命运，为了你爱的人和爱你之人，如果想让他们获得快乐，就必须摆脱过去的阴影，突破心中的瓶颈，只有跳出那阴影给予的束缚，才能真正享受自由和快乐的感觉。

故事穿越

曾经有人做过这样一个实验：用纸做一条长龙，长龙腹腔的空隙仅仅只能容纳几只蝗虫，投放进去，它们都在里面死了，无一幸免！而把几只同样大小的青虫从龙头放进去，然后关上龙头，观察者就会看到：仅仅几分钟，小青虫们就一一地从龙尾爬了出来。

原因很简单，蝗虫性子太急躁，除了挣扎，它们没想过用嘴巴去咬破长龙，也不知道一直向前可以从另一端爬出来。因而，尽管它有铁钳般的牙齿和锯齿般的大腿，也无济于事。

故事微语

当我们身处阴影之中，破茧而出并不困难。只要自己不倒，什么力量也不能把你击倒；最重要的是在内心深处把阳光锁定，时刻保持一颗健康明亮之心，让内心充满阳光。

感谢伤害过你的人，是他们让你的人生充实而完整。感激为难你的人，因为他磨练了你的心志；感激绊倒你的人，因为他让你的双腿稳如磐石；感激欺骗你的人，因为他擦亮了你的双眼；感激蔑视你的人，因为他让你感受到自尊的强大；感激遗弃你的人，因为他教会你如何和孤独相伴。

想想在海上漂泊的船夫吧，在风雨过后，他或许会遇到一处充满温馨的港湾，去停泊那饱经风霜的心；想想珍珠贝壳吧，在砾砂伤害过肉体之后，它可能会得到一颗流光溢彩的珍珠，来涤荡心中晦暗的阴影。

心灵箴言

有了阴影，光明才能更更加耀眼。

——[德] 海泽

困难与折磨对于人来说，是一把打向坯料的锤，打掉的应是脆弱的铁屑，锻成的将是锋利的钢刀。

——[俄] 契诃夫

不因幸运而故步自封，不因厄运而一蹶不振。真正的强者，善于从顺境中找到阴影，从逆境中找到光亮，时时校准自己前进的目标。

——[挪威] 易卜生

不被细枝末节的事情所累

故事话题

卫国国君在招纳贤才时，子思[孔汲，孔子的孙子]向卫慎侯推荐苟变，说："苟变的才干，足可指挥500辆兵车[春秋时1车4马为1乘，车上有批甲战士3人，后随步卒72人，500乘有3.75万人，卫国全国加起来怕也没有500乘的兵力]。"

卫侯回答："我知道他是将帅之才，但我听说他做税吏时，曾经白吃了老百姓两个鸡蛋，所以我不用他。"

子思说："圣人用才，就好像工匠选择木材，取其所长，弃其所短。就像参天巨木，几人连抱都抱不住，上面虽然有几尺已经腐烂了，但优秀的工匠绝对不会舍弃而不用它。现在，我们处在混战的年代，苟变实在是将帅之才，却因为两个鸡蛋而被舍弃。你不用就罢了，但这件事千万不可宣扬出去，免得让邻国嗤笑。"

卫侯再三致谢说："我接受你的教诲。"随后启用苟变为将，后来苟变果然成为一代名将。

故事解析

在我们的日常生活中，确实有很多人像卫候那样，他们死盯着别人身上的毛病和缺点，以这些毛病和缺点来度量他人，丝毫不觉得，别人的贡献比起他们身上的毛病和他们所做的错事来，要大得多，如果只是盯住人的缺点和问题不放，怎么去充分发挥人才的积极性呢？

更可怕的是，很多人因为过于重视自己身上的一些细枝末节，做出了一些可怕而残忍之事，最终被这些细致末节而连累，不得善终。

故事穿越

同样身处春秋战国之交的著名将领吴起，与荀变有着类似的遭遇，但因为没遇上子思那样的名臣和卫慎侯那样的贤君，使得他的求将之路异常波折。

吴起也是卫国人，年轻的时候家里富裕，他四处求官，没有求成，反而把家业都败掉了。结果同乡的一些家伙就笑他无能，他一怒之下，杀了三十多个笑他的同乡，然后逃走。

出逃之前，吴起咬着自己的胳膊对他母亲发誓，如果不当上大官就永远不回家。随后他拜曾参为师学习儒家治国之道。在学习期间，吴起娶了齐国大夫田居的女儿为妻。几年之后，吴起母亲去世了，吴起果然不回家探望。老师曾参非常反感，说“母亲是至亲，你怎么能向母亲发这样的誓?”就和他断绝了关系。

吴起被曾参赶走后不再习孔学，转而研究兵法，几年后有大成，因为没有人愿意推荐，于是他投奔当时的小国鲁国，而鲁国也正好在物色将军。但是由于吴起的老婆是齐国人，而齐国又是鲁国最大的威胁，鲁国国君虽然知道吴起的本事，但因为他的妻子，始终不敢用他。吴起为了消除鲁国国君的怀疑，竟然狠心把妻子杀了，以表示自己对鲁国的忠诚，也遂愿成为鲁国的大将。

吴起确实很厉害，他把齐国打得落花流水，受到鲁国国君的重用。可这样一来，也引起了鲁国国内的一些大臣的妒忌，他们纷纷在鲁国国君耳边吹风说：“吴起不孝，不仁，母亲死了他不去探望，老师为此和他断绝关系；为了当将军居然杀了自己的妻子；他实在太狠毒了。将来一定也会不忠不义！而且我们鲁国是个小国，如果因为有了这样一个厉害的将军四处征伐，把大国们都得罪光了，恐怕国家就很危险了。”鲁国国君听了觉的有道理。吴起知道后，马上离开鲁国，投奔在当时很有名望的魏文侯。

文侯魏斯问李克，李克说：“吴起是个特别贪图名誉和好色的人，这一点也不假。但是，吴起带兵的能力非常非常强，我敢说，就是昔日齐国元帅司马穰苴，带兵打仗的能力也远远不如他。”。

魏王听完后立刻任命吴起为大将。吴起的名声不是白响的，他训练出“魏武卒”这一精锐重甲步兵，在与宿敌秦国交战中，吴起率领魏武卒攻下天下第一雄关函谷关，此后大大小小历经七十二战，有六十四战大获全胜，夺取了秦国黄河西岸的五百多里土地，秦国在文侯在位的这段时期里苦不堪言，仗打不过，经济一团糟，全国上下几乎都准备去要饭了。

然而吴起功劳再大，因为他“诛邻止谤”、“杀妻求将”的种种恶行，使得当时各国的君主都不敢重用于他，在文侯死后，吴起又因为权斗失败而不得不离开魏国投靠楚国，然而在楚国，他又卷入了争权夺位之中，最后惨死于乱箭之下。

故事微语

中国人谈用兵，常用“其用兵也，仿佛‘孙’（孙武）‘吴’（吴起）”来表达赞叹，可见吴起在中国兵家中的地位。但人们常把孙武放在吴起的前面，是有其道理的。

如果论著述，《孙子兵法》自然名震天下，甚至传到了外国，但论战功，孙武有伍子胥相助，不过只是帮助吴国打败楚国，而吴起先后在鲁国、魏国、楚国分别立下了不世的战功，甚至拥有能够覆灭强秦的军事指挥能力。吴起为什么位置在孙武之下，这恐怕就是在做人上欠缺的多了。

吴起做人，就一般道德而言，无论如何，他都负有深重的道德劣迹；以吴起的本领，难道用得着杀妻求将么，难道在魏国，在楚国做将军，都要杀一妻才能做将军吗，显然不是。

鲁国国君不贤明，过于看重吴起身上的劣迹，也还罢了，没想到吴起竟然也这样在乎功名，做出了有逆天伦的事情，从此他就是再有本领，功劳再大，也无法为自己正名。

虽然历史并不注重这些琐事，给予了他公正的评价。为他在史册上留下供后人赞叹的武功，但他为争功利不择手段之举，却也永远记在了他战功册的背面，世代为人所唾弃。

心灵箴言

不求其备，不以小疵掩其大德。

——包拯

不以小恶掩大善，不以众短弃一长。

——朱熹

天下之人，才德各殊，不可以一节取也。

——司马光

做无畏的勇者，不做恐惧的奴隶

故事话题

在 1832 年，他失业了，这显然使他很伤心，担他下决心要当政治家，当州议员，糟糕的是他失败了。在一年里遭受两次打击，这对他来说无疑是痛苦的。

他着守自己开办企业，可一年不到，这家企业又倒闭了。在以后的 17 年间，他不得不为偿还企业倒闭时所欠下的债务而到处奔波，历尽磨难。

他再一次参加竞选州议员，这次他成功了。他内心萌发了一丝希望，以为自己的生活有了："可能我可以成功了！"

第二年，即 1835 年，他订婚了，但离结婚还差几个月的时候，未婚妻不幸去世。这对他精神的打击实在太大了，他心里憔悴，数月卧床不起。在 1836 年他还得过神经衰弱症。

1838 年他觉得身体状况良好，于是决定竞选州议会仪长。可他失败了。1843 年，他又参加竞选美国国会议员，但这次仍没有成功。

他没有放弃，他也没有说："要是失败会怎样？"1846 年，他又一次参加竞选国会议员，最后终于当选了。

两年任期很快过去了，他决定要争取连任。他认为自己作为国会议员表现是很出色的，相信选民会继续选举他。但结果很遗憾，他落选了。

因为这次落选他赔了一大笔钱，他申请当本地的土地官员。但州政府把他的申请退了回来，上面指出："作本州的土地官员要求有卓越的才能和超长的智力，你的申请未能满足这些要求。"

然后，他没有服输。1854 年，他竞选参议员，但失败了；两年后他竞选美国副总统提名，结果被对手击败；有过了两年，他再一次竞选参议员，还是失败了。

这个在 9 次失败的基础上赢得 2 次成功的人便是阿伯拉罕. 林肯，他一直没有放弃自己的追求。他一直在做自己生活的主宰。1860 年，他当选为美国总统。

阿伯拉罕. 林肯遇到过的敌人，你我都曾遇到。他面对困难没有退却，没有逃跑。他坚持着，奋斗着。他压根就没想要过放弃努力，他不愿放弃，所以他成功了！

故事解析

天下事有难易乎？为之，则难者亦易矣；不为，则易者亦难矣。面对困难，也是如此，只要勇于向困难挑战，一切困难都会迎刃而解。

面对困难，如果胆怯，困难就会像一座不可逾越的高山，阻挡了我们通向成功的道路；如果勇敢挑战，困难就会迎刃而解，我们将走向成功。只要勇敢地向困难挑战，就会战胜困难。

故事穿越

吴王阖闾派遣刺客专诸刺杀他的堂兄前吴王僚，登上了王位之后，仍然担心僚的公子庆忌，据说庆忌已经和诸侯联络，准备起兵来夺回王位，庆忌有万夫不当之勇，手下又对他忠心耿耿。

阖闾想要带兵前去征讨，却很踌躇。一来没胜算，二来自己暗杀了人家老子，本来就理亏。于是就问兴吴第一功臣伍子胥，伍子胥便说：“我先前推荐专诸杀吴王僚，已经是阴险之极了，如今大王又要我对付他儿子，我实在是没脸支招。”

阖闾便说：“当年武王伐纣，也顺便把纣王的儿子武庚干掉了，没听说周国人有什么不好意思的，你呀，就别装了，庆忌可是心腹大患那！”

伍子胥一听，说：“好吧，我为你谋天下，也不怕天下耻笑了，请大王让我跟我的那群刺客小伙伴好好策划策划。”

阖闾不放心，便问：“吴王僚手无缚鸡之力，专诸才能轻易得手，可庆忌是个万人敌，不比他老爸，如今你还要派刺客杀庆忌，恐怕不妥吧。”

伍子胥说大王放心，这回我派去的刺客，也是个万人敌。阖闾一听觉得匪夷所思，能打赢庆忌的人还用当刺客么，将信将疑地问：“此人是谁?”

伍子胥说：“姓要名离，等下大王见了他，千万不要小看他，此人虽然只有 1.6 米，相貌丑陋，但我曾经听说过他羞辱壮士椒丘欣的事迹，这个人，绝对是真的猛士。”

阖闾来了劲说：“怎么羞辱的？说来听听。”

伍子胥说：“壮士椒丘欣，是东海人，也就是齐国人，曾经作为齐王

的使者对吴国进行友好访问，他只身一人，饮马淮河，准备渡江的时候，水中却窜出一只怪物，把他的马叼了去，椒丘欣大怒，他脱去衣服手提宝剑，潜入水中与那怪物决战，一天一夜之后才出来，出来的时候瞎了一只眼睛，威风凛凛，旁人都惊呆了，不敢直视他。

“椒丘欣到了吴国之后，正巧遇上一个朋友办丧事，他前去拜丧，却仗着自己的本事轻慢同席的士大夫们，而且出言不逊。诸大夫都敢怒而不敢言，就在这时，要离挺身而出，大声责问椒丘欣说，‘我听说勇士与天斗，面不改色；与神斗，腿不发软；与人斗，不大声嚷嚷。宁死也不肯受辱。可你椒丘欣呢，跟个水怪斗了整整一天，没见你拿回什么战利品来，却见你眼睛瞎了，马也没了，你不去跟水怪同归于尽洗刷耻辱，却跑到别人家的丧礼上来耀武扬威，你算什么勇士！’”

“椒丘欣大怒，但众目睽睽之下，他不好发作，于是离开了丧席，准备晚上再去取要离的性命。到了晚上，椒丘欣偷偷来到要离家，见要离没有锁门。躺在床上，于是椒丘欣踏进房门，一把揪住要离，像提小鸡一样把他提起来，拔出宝剑指着要离的喉咙说：‘你今天死定了，你知道不！’”

“要离睁开眼睛一看，见是椒丘欣，鄙视地说：‘我今天一定不会死，但你今天丢人丢大了，你知道不！’”

“椒丘欣说：‘死到临头还嘴硬，你说啊，我让你死的心服口服。’”

“要离面不改色说：‘我在那么多人面前羞辱你，你一声都不敢吭，丢不丢人？我没锁门，你比我强壮这么多，杀我易如反掌，你却像做贼一样不让我发觉，丢不丢人？我当面羞辱你的时候你不杀我，却要等到晚上偷偷摸摸来杀我，你丢不丢人！’”

“椒丘欣听了这番话惭愧得不行，自认勇气不如要离，不好意思杀他就走了。”

阖闾听后叹气说：“真要是这样的勇士，我马上设宴款待他。”于是伍子胥将要离引见给阖闾，阖闾派要离去刺杀公子庆忌，要离果然成功，就连被他刺死的公子庆忌，死前也对手下人说：“要离啊要离，你真是天下罕见的勇士，我死定了，你们不要杀要离，这个世界上的勇士不多了，一天不能死两个。”

故事微语

恐惧对人的影响无以伦比，恐惧使人们构想出各式各样的神明和魔鬼，然而恐惧也使人们获得了勇气。

如果说恐惧是阴郁的夜晚，那么勇气如同温暖的阳光，让因自私而日渐麻木的人心得到温暖；如果说恐惧是无边的荒漠，那么勇气如同甘甜的河流，让因磨难而千沟万壑的心灵得到滋润；如果说恐惧是腐臭的泥沼，那么勇气如同清新的空气，让因瓶颈而心灰意冷的内心得到活力。

勇气天生是恐惧的敌人，很多人说，突如其来的恐惧让我不知所措，我并没有足够的经验来克服他，但要知道，勇气并非来源于经验，而是因为爱。

元景安宁为玉碎不为瓦全，勇气源于对家国宗族之爱；眉间尺手提三尺青锋，愿与楚王同归于尽，是父子之爱，古希腊英雄阿喀琉斯不顾命运的警告，誓死要取赫克托耳的首级，是对好友帕特洛克罗斯之爱；吴三桂冲冠一怒为红颜，尽管为天下唾骂，但也不失为一种勇气；人们从这些爱中获得了勇气，也获得了战胜恐惧的无畏力量。

哪怕你不爱他人，但只要你对自己还有自私之爱，也请你用勇气来克服恐惧。

心灵箴言

我崇拜勇气、坚忍和信心，因为它们一直助我应付我在尘世生活中所遇到的困境。

——[意] 但丁

只要你坚持的时间足够长，在恐惧之中的某一时刻来到之后，恐惧就根本不再是极端的痛苦，而不过是一种十分讨厌、令人恼火的刺激。

——[美] 福克纳

请告诉我谁不是奴隶。有的人是“色欲”的奴隶，有的人是“贪婪”的奴隶，有的人是“野心”的奴隶，所有的人又都是“恐惧”的奴隶。

——[罗马] 塞内加

让自己成为一个精神富足的人

故事话题

19 世纪末，美国密歇根州一个铁匠铺里有一个小铁匠，名字叫威灵顿•波特。威灵顿很有头脑，经过多年的打拼，他有了自己的伐木公司、铁矿公司和运输船队，到了 20 世纪初，他成为了一个亿万富翁。

威灵顿共有 6 个子女和 7 个孙子辈。随着自己的岁数渐渐增大，他感到自己管理这份庞大的家业力不从心，就想从自己的这些儿孙中物色一个人来管理好这份家业。但是，因为家里有钱，儿孙们什么事都干得没有起色。

威灵顿想，如果将这份家业留给他们，这些不争气的儿孙用不了多久，就会把家业给折腾光。于是，威灵顿将所有资产变现，共计 1.1 亿美元。他将这笔巨款交给律师保管，并在遗嘱中明确规定：自己死后，除了给每一位儿孙留下一万美元生活费和创业基金外，其他所有财产全部冻结起来，直到自己死后 100 年，再行决断。

1911 年 5 月，威灵顿撒手人寰。当律师在儿孙面前宣读了老人遗嘱后，他们全都傻了眼，一晃几十年过去了，威灵顿的曾孙辈们一个个出生了。他们长大成人，很快又有了后代。

生活是最好的老师，威灵顿的后辈们一直在奋斗，他们身上没有沾上富家子弟好逸恶劳的坏习惯，而是养成了艰苦朴素、努力奋斗的精神。通过多年的打拼，他们也都取得不错的成就。威灵顿的 15 个曾孙中，有 9 个成了亿万富翁，其他 6 个虽然没有那么多财富，但有的成了医生，有的成了科学家，有的成了律师，都有不错的成绩。

2011 年 5 月，威灵顿去世 100

周年。终于到了这一天，负责处理威灵顿遗嘱的律师事务所的律师找到了威灵顿的曾孙们，告诉他们：

“根据威灵顿先生的遗嘱，现在，你们这些后辈已经可以继承他的这份遗产了，请你们商量一下，看如何分配遗产。”另外，律师还告诉他们，“威灵顿先生当时留下的遗产 1.1 亿美元，在 100 年后，这笔巨款所产生的利息已经远远超过了本金，达到了 5 亿美元。”

曾孙们听到这个消息，都非常吃惊。大家聚在一起感慨万千。他们觉得，如果先祖当年把这笔遗产给分掉，说不定早就被他们的爷辈们挥霍掉了。从这个意义上说，先祖留给他们的是一笔宝贵的精神财富，这笔财富让他们终身受益。

曾孙们经过商量，最后一致决定，将这 5 亿美元以威灵顿的名义建立一个基金，专门用来帮助社会上那些自我创业的年轻人，让威灵顿的创业精神世代传下去。

故事解析

一个人物质上贫穷并不可怕，只要他愿意奋斗，终究会改变现状；如果一个人的精神贫穷，那就无药可救了。这则“百年遗嘱”就是一个生动的例子。人生因精神而富足，人生因精神而高贵。有时候，只拥有丰富精神的人并不穷，而拥有丰富物质却精神贫乏的人也不算富，从某种意义上来说，贫与富其实也是一场心灵的较量，而心灵的富有才是真正的富有。

《左传》中有个”子罕弗受玉”的故事。宋国有个人得了一块美玉之后，以为是至宝，便把美玉献给当时宋国的宰相子罕以求进身之道。但子罕却不肯接受，他说：“你认为这块玉是宝物，而我却认为心无贪念是宝物，你把玉给了我，你失去了宝物，我受了你的玉，我也失去了宝物，既然都会有所失，不如各自保有自己的宝物吧。”

故事穿越

孔子门下学生三千，其中最出名的有七十二人，其中又有十位圣人，人称孔门十哲，其中颜回是他最喜爱的。颜回的一举一动在孔子看来都是好的，所以孔子常以颜回的所作所为来教育其他弟子。

在《论语·雍也》中，孔子用这样一段话语赞叹颜回："一箪食，一瓢饮，在陋巷，人不堪其忧，回也不改其乐。贤哉回也！"

孔子认为颜回用竹器盛饭吃，用木瓢舀水喝，住在简陋的小巷，这是别人忍受不了的清贫生活，但颜回却依旧安贫乐道，没有影响其心志的健康成长，这种至为高尚、积极而乐观的人生态度，这才真是贤的没话说呀。

故事微语

颜回的人生境界已经是只可仰望了，我们不求与其相比，过那种清贫而富足的生活，但我们还是可以过着自己的生活而乐在其中。从他安于贫穷，乐于陋巷的生活态度中，我们是不是可以得到这样的启示——每个人对“快乐”的诠释可能都不一样。每个人对快乐的领悟也不一样，当我们降低各种物质欲望，让心灵回归富足的层次上去时，我们的心灵将平静如一泓湖水，清明、透彻、而美好。

心灵箴言

人类的心灵需要理想甚于需要物质。

——[法] 雨果

物质上的不足是容易弥补的，而灵魂的贫穷则无法补救。

——[法] 蒙田

理想的人物不仅要在物质需要的满足上，还要在精神旨趣的满足上得到表现。

——[德] 黑格尔

一个精神生活很充实的人，一定是一个很有理想的人，一定是一个很高尚的人，一定是一个只做物质的主人而不做物质的奴隶的人。

——陶铸

坚持自我，伤痛也有好结局

故事话题

靠近边塞一带的百姓中，有一个精通预卜的人，人称塞翁，他善于养马，其中有匹好马，一天却无缘无故逃跑到了北方胡人的领地上。人们都对其不幸表示安慰。这个人却说："慢着，你们怎么知道这就不是件好事呢？"

过了几个月，他的马带领着胡人的骏马回来了。人们没想到这样也行啊，都纷纷来祝贺他。塞翁却说："慢着，你们怎么知道这就不是件坏事呢？"人们都不理解，不高兴地就散去了。

塞翁家里有很多好马，他的儿子也喜欢骑马，有一次从马上掉下来摔折了大腿。人们都来安慰他。塞翁见了人还是那句话说："慢着，你们怎么知道这就不是件好事呢？"大家一听就乐了，儿子把腿摔断了还能是好事吗？这塞翁啊，八成是气疯了。

过了一年，胡人大举入侵边塞一带，壮年男子都拿起弓箭去打仗。靠近边塞一带的壮年男子十之八九的人[绝大多数]都战死了。然而只有塞翁的儿子因为瘸腿的缘故，没有被征去打仗，而塞翁又因为要照顾儿子，也没有被征召，父子俩因此得以保全性命。只是这个时候，人们再也没有心情来祝贺他了。

故事解析

塞翁失马是一个让人既悲伤又欢乐的故事，人们无法预料命运的轮盘，就像美国电影《阿甘正传》中的台词："人生就像一盒巧克力，你永远不知道下一块会是什么味道。"

阿甘这样说，因为美国巧克力通常有十二块或二十四块,每个都有不同的包装和口味形状和颜色,在以前没有标志。只能拆开放在嘴里,品尝了之后才知道个中滋味，若是合口味，就像中了头奖一般，很多人因为只吃了第一块觉得不好，就丢弃了一整盒巧克力。

人生亦然，有时候伤痛来袭，让你不知所措，伤痛将你的双眼蒙蔽，让你怀疑起了整个人生，实际上大可不必，痛苦是比较出来的，而幸福是珍惜得来的。越是计较伤痛，心里便越痛苦，越不平衡，烦恼越多，我们也因此变得不从容。

从伤痛中寻找幸福，是让你知道，幸福其实并不是完美和永恒，而是心灵和生活万物的感应和共鸣，是生命从绽放到凋零过程中的美丽，哪怕只是一瞬间，花朵黎明前开放一刻，秋叶于秋风中飘落的霎那，都是幸福。

故事穿越

一位国王的众多大臣里，有位大臣特别聪明。这位大臣总是愿意去看好的一面，而拒绝消极观点。他为国王妥善处理了许多犯难的大事，国王很信任他，凡事都要咨询他的意见。

国王热爱打猎，有一次在围捕猎物的意外中，被野兽咬掉了一只手指。国王痛得要命，大臣们纷纷上前安慰他。可唯独那位聪明的大臣却说："不要紧，一切都是最好的安排。"国王感到被冒犯，立时怒命左右将大臣拿下，关到监狱里。

国王伤口痊愈后又兴冲冲地忙着四处打猎，把聪明大臣忘到了脑后，结果这次不幸误入野人区，连同随从大臣全被抓了起来。野人们准备把活

捉的这队人马献祭掉，国王被放到了祭坛上。然而正当祭奠仪式开始时，主持的巫师看着国王突然惊呼起来。

原来巫师发现国王少了一只手指，按照部族的律例，献祭不完整的祭品给神，将会受到天谴。野人连忙将国王解下祭坛，驱逐他离开，把与国王同行的大臣给献祭掉了。国王残缺的指头救了他的命，死里逃生之余，才想起了那位被他关押的大臣。

国王回到王宫里做的第一件事情就是释放了那位大臣，并向他道歉。大臣笑着对国王说：“不要紧，一切都是最好的安排。”国王不解：“说我断指是好事，现在我能接受。但为什么说你被关进监狱也是好事呢？”

大臣回答：“如果陛下不是意外失掉了一个手指，那么你也许就回不来了；而我若不是被陛下打入了大牢，那么这次狩猎一定会带我同去。陛下想一想，代替你成为野人们的祭祀品，失去性命的又会是谁呢？”

故事微语

我们往往选择不了生命，我们做不了国王，但也许不会成为乞丐，因为我们可以选择走过生命的方式。

当把困难踩在脚下，你才会站得更高。生命就是一次次蜕变的过程。唯有经历各种各样的折磨，才能增加生命的厚度。不要害怕受到折磨，也不要害怕伤痛，一个人的成长过程，恰似蝴蝶破茧，在痛苦的挣扎中，你的意志得到锻炼，你的力量得到加强，你的心智得到提高。生命总是能在痛苦中得到升华。当你从痛苦中走出来时，就会发现，你已经拥有了飞翔的力量。

心灵箴言

失之东隅，收之桑榆。

——《后汉书·冯异传》

我命运中一切不痛快的事情都会由愉快来补偿。

——[苏联] 高尔基《肯斯科伊家的大娘》

只有经历地狱般的磨炼，才能炼出创造天堂的力量；只有流过血的手指，才能弹出世间的绝唱。

——[印度] 泰戈尔

第四篇

挣脱束缚：越过黑暗方可抵达光明

人这一辈子，总有某些东西在束缚着我们，不管是贫困生活还是社会地位，不管是传统习俗还是法律条文。生命的抗争就是在束缚中跳出美丽舞蹈的过程。没有束缚的生命显得轻浮而没有分量，束缚和为挣脱束缚所做的努力，就像是阴阳的两极，使我们生命变得厚重而美丽。

心胸宽广，世界如此明媚

故事话题

“战国七雄”中，以秦国最为强大。秦赵为邻，秦国常常想着法子找赵国麻烦。赵王得到了一块美玉，名为“和氏璧”，秦王便派使者赴赵，要求和氏璧一看，赵王不敢不给，便派一个大臣的手下舍人蔺相如带着和氏璧去秦国交涉。蔺相如凭着机智和勇敢“完璧归赵”，既没有让秦国发飙，又给赵国争得了面子。赵王看蔺相如这么能干。便封他为“大夫”，后来又封为上卿。

赵王看重蔺相如，赵国大将军廉颇很不服气。他心想：“我为赵国拚命打仗，功劳盖世，才当上了将军，他蔺相如耍耍嘴皮子，有什么了不起的本领，也配当上卿！”

越想越不服气，廉颇逢人便说：“我要是碰着蔺相如，要当面给他点儿难堪！”话传到了蔺相如耳朵里。蔺相如立刻吩咐手下，以后碰着廉颇手下的人，千万要让着点儿，不要和他们争吵。有一天蔺相如自己坐车出门，正好与廉颇狭路相逢，蔺相如听说廉颇打前面来了，就叫马车夫把车子赶到小巷子里，等廉颇过去了再走。

蔺相如的食客们知道后，受不了这个气，就纷纷来跟蔺相如辞行，他们说：“您是上卿，廉颇将军如此羞辱你，你反而躲着他，让着他，我们原先以为你是个智勇兼备的人物，没想到你却这样懦弱，我们虽然不肖，但也不愿在你手下吃这碗饭了！”

蔺相如心平气和地问：“廉将军跟秦王相比，哪一个厉害呢？”大伙儿说：“那当然是秦王厉害。”蔺相如说：“对呀！我见了秦王都不怕，难道还怕廉将军吗？诸位要知道，秦国现在不敢来打赵国，就是因为国内文官武将一条心。我和廉颇将军，可比作赵国山头的两头猛虎，两虎相争，必有一伤，我之所以这样，是为了国家着想，如今秦国虎视眈眈，我又怎么能逞一时之快而误了国家大事呢？”

蔺相如的这番话传到了廉颇的耳朵里。廉颇羞惭交加，他脱掉上衣，背负荆条，前往蔺相如府中谢罪。蔺相如连忙出来迎接廉颇。廉颇对着蔺相如跪了下来，请蔺相如用荆条鞭打自己。蔺相如把荆条扔在地上，急忙用双手扶起廉颇，给他穿好衣服，拉着他的手请他坐下，从此成了很要好的朋友。

廉颇蔺相如两人一文一武，将相一心为国家办事，秦国因此不敢小觑赵国。

故事解析

将军额头能跑马，宰相肚里能撑船。做人一定要昂首挺胸，但也一定要心胸开阔，豁达大度，这既是一种生活态度，又是一种思想深度，古人云：虚怀若谷大丈夫。自以为是，不容异见，不是具有高远的志向的人所为。志向高远，便会注重大是大非，就像蔺相如那样，廉颇给他带来的，无非是枝小末节的些许烦恼，而秦国的大军，才是悬挂在他头上的利剑。

宽容体现了一个人的素质与气度，表现了个人修养。拥有智慧的人会在心中留出一片天地给别人。容忍别人缺点的人，才能收服人心，成就人格魅力。这也是每个人应该有的处世准则。

以德报怨感化他人，这是世间高尚的事。大地承受不住的东西，胸怀可以容纳，一个开阔的心胸，可以帮助你拥有开阔的视野，远大的目标，不凡的气度。

故事穿越

鲍勃以优异的成绩考上了大学，在其学校生活的每个阶段，他都是深受其他学生拥戴的学生领袖。但在他身上却丝毫不见一些“佼佼者”身上常见的清高、孤傲、盛气凌人，相反，他为人谦和，从内心深处尊重欣赏他身边的每一个人。

一天晚上，他邀请几个朋友到他的房间里吃晚餐。在吃饭过程中，一个朋友发现了他桌子上的一个座右铭。座右铭只有三个字：我第三。这三个字被镶嵌在一个精致的框架里，朋友们觉得很奇怪，便问鲍勃，于是鲍勃给大家解释说：

“在我离开家的前一天晚上，妈妈给了我这个精美的框架，并嘱咐我一定要将它放在我每天都能看到的地方。我希望我能永远记住这句话，记住妈妈对这句话的解释。‘我的儿子’，妈妈告诉我，‘什么时候都不要忘记，上帝第一，别人第二，你永远只是第三。’

故事微语

人生短暂，生活中不要因一些鸡毛蒜皮、微不足道的小事而耿耿于怀，为这些小事而浪费你的时间、消耗你的精力。人生在世，尽量做一些有意义的事，才无愧于自己生命的美好。不要把时间耗在争名夺利上，也不要把“就争这口气”挂在嘴边。心平气和的做事，享受幸福、愉快、健康的生活。

网络上流行着一句话：“认真你就输了。”天下没有解不开的疙瘩，没有打不破的坚冰，更没有过不去的火焰山。生活在俗世中，难免有误会、有矛盾、有分歧，只要你能够以宽容、友爱、谅解、忍让的心去试着包容，那么所有的人都可以和谐共处。

心灵箴言

一个伟大的人有两颗心：一颗心流血，一颗心宽容。

——[美] 纪伯伦

只有勇敢的人才懂得如何宽容；懦夫决不会宽容，这不是他的本性。

——[俄] 斯特恩

世界上最宽广的是大海，比大海更宽广的是天空，比天空更宽广的是人的胸怀。

——[法] 雨果

生活中有许多这样的场合：你打算用忿恨去实现的目标，完全可能由宽恕去实现。

——[英] 西德尼·史密斯

倾诉与分享心中的不满

故事话题

有位犹太教的长老酷爱打高尔夫球。在一个安息日里，他觉得手痒，很想去来一杆，但犹太教义规定，信徒在安息日必须休息，什么事都不能做。但这位长老实在是忍不住，决定偷偷去高尔夫球场。

由于安息日犹太教徒都不会出门，球场上一个人也没有，长老觉得不会有人知道他违反规定。

人在做，天在看。当长老在打第 2 洞时，被天使发现了，天使到上帝面前告状，说这长老不守教义，居然在安息日出门打高尔夫球。上帝听了，就跟天使说，我会好好惩罚这个长老的。

从第 3 个洞开始，长老打出超完美的成绩，几乎都是一杆进洞。长老非常兴奋，到打第 7 个洞时，天使看不下去了，他又跑去找上帝："主呀，你不是要惩罚长老吗？为何还不见有惩罚？"上帝说："我已经在惩罚他了。"

直到打完第 9 个洞，长老都是一杆进洞。因为太神乎其技了，于是长老决定再打 9 个洞。当打完 18 洞，长老获得的成绩比任何一位世界级的高尔夫球手都优秀，他乐坏了。

但天使很生气，他问上帝："这就是对长老的惩罚吗？"

上帝说："正是，你想想，他有这么惊人的成绩，这么兴奋的心情，却不能跟任何人说，这不是最好的惩罚吗？"

故事解析

谚语说：喜欢孤独的人不是野兽便是神灵。如果一个人脱离了社会，甘愿遁入山林，到社会之外去寻求一种孤僻的生活，不管他能不能成为神，他一定将失去快乐。

很多人之所以宁愿孤独，因为身处在喧闹之中，却没有友谊和仁爱的滋润，苦闷得太久了，犹如一句古代拉丁谚语所说的：“一座城市如同一片旷野”。人们的面孔摆出千篇一律的冷淡，人们的语言则不过是一片噪音，使他们宁可逃避也不愿进入了。

可见人与人的友情对人生是何等重要。得不到友谊的人将是终身可怜的孤独者。就像那个犹太长老一样，再完美的挥杆，再潇洒的进洞，在无人分享的情形下，当他离开球场的那一刻，必然被无边的落寞和孤独取代。

没有友情的社会只是一片广袤的沙漠。当你遭遇挫折而感到愤闷抑郁的时候，你总会想到你最好的朋友，向他们倾诉可以使你得到疏导。否则这种积郁会使人致病的，医学如此发达的今天，我们可以治愈许多疾病，然而却没有任何一种药物是可以舒通心灵之郁闷的。只有朋友的安慰，才能舒缓你的悲伤和苦闷，当你尽情倾诉忧愁与欢乐，恐惧与希望，猜疑与劝慰时。那沉重地压在你心头的，无论那情绪是什么，都通过友谊的肩头而被分担了。

故事穿越

小河上有个摆渡老人张老爹，在他摆渡的日子里，功德无量，因为他救下了很多人。

有一天傍晚，又一个美丽的少妇投河自杀，被张老爹救起。张老爹问："你年纪轻轻，前程远大，为什么要寻短见？"

少妇哭诉："我才结婚一年，丈夫就有了新欢，遗弃了我，活着还有什么意义？"

张老爹说是挺可怜的，不过他又问："那你结婚前是怎么生活的？"

少妇回忆起婚前的时光，眼睛一亮说："那时我自由自在，无忧无虑，对生活和未来充满了希望和追求……"

张老爹追问说："那时你有丈夫吗？"

提到丈夫，那少妇眼中的光彩顿时消散，说："当然没有那个负心人！"

张老爹点拨道：那么，你不过是被命运之船送回到了一年前，你什么也没失去呀！现在你又可以自由自在无忧无虑了，有什么可值得悲伤绝望的呢？少妇一愣，沉吟良久，心窗洞开，豁然明亮。

故事微语

毕达哥拉斯曾说过一句格言——“不要损伤自己的心”。这句话诸人不解，实际上，这是他卖的一个关子，一个人若有心事却无法向朋友诉说，那么他必然会成为损伤自己心的人。

哪怕是一个陌生人，只要他愿意做一个合格的聆听者，也能修补你受损的心，去向你的朋友倾诉吧，如果他能让你的心情好转的话，那么也一定能增进你的智慧。

不仅仅是因为朋友能给你提出忠告，而是任何一种平心静气的讨论都能把搅扰着你心头的一团乱麻，整理得井然有序。当人们把烦恼通过语言表达出来的时候，他也就渐渐看到了这烦恼的真相和它们招致的后果。这不但能使人走出暴风骤雨般的昏暗情绪而进入和风细雨的平和之境，而且能使人摆脱黑暗混乱的胡思乱想而走入光明与理性的思考。

波斯王曾经统治了整个亚洲，但却因没能统一语言而烦恼，有人劝他说：“思想是卷着的绣毯，而语言则是张开的绣毯”。所以，去和朋友来一小时的语言交谈吧，这远比你一整天的沉思默想更能让你茅塞顿开。

心灵箴言

人生最美丽的回忆就是他同别人的友谊。

——[美] 林肯

除了一个真心的朋友之外，没有一样药剂是可以通心的。

——英国谚语

如果你把快乐告诉一个朋友，你将得到两份快乐；如果你把忧愁向一个朋友倾诉，你将分掉一半忧愁。”

——[英] 培根

直面困境，他助不如自助

故事话题

欧洲某国有一个经理，他把多年的积蓄投资在一项小型制造业上，但由于世界大战的爆发，工厂所需要的原料断了供应，最后宣告破产。

工厂的倒闭使他大为沮丧。他日渐消沉，便离开了妻子儿女，成为一名流浪汉。过去的辉煌和今日的狼狈不断在他的脑海里闪现，他心里越来越难受。甚至起了自杀的念头。

一个偶然的机会，他看到了一本名为《自信心》的书。这是一本关于如何建立信心的书，当他看完之后，他觉得似乎恢复了些许勇气，便决定找到这本书的作者，请他帮助自己东山再起。

然而当他找到作家，说完他的故事后，作家却说："你的故事确实很伤感，我真希望我能帮助你，但事实上，我无能为力。"

流浪汉的脸变得苍白，沉默了几分钟后，自言自语地说："这下彻底完蛋了。"

然而作家却对他说："虽然我没有办法帮你，但我可以介绍你去见一个人，他肯定能够对你有所帮助。"作家的语气那样坚定，流浪汉又燃起了生活的希望，他抓住作家的手，说："看在老天爷的份上，我们这就去吧。"

作家带着他走进卧室，把他领到一面镜子前，用手指着说："我要介绍的，就是里这个人。在这世界上，你只有靠这个人的帮助才能够东山再起。但你必须安静地坐下来，好好地看清楚他，彻底地认识他，因为在你对这个人做充分的认识之前，现在的你对这个世界来说，简直一无是处。"

流浪汉朝着镜子向前走几步，用手摸摸他长满胡须的脸孔，对着镜子里的人从头到脚打量了几分钟，然后退几步，低下头，哭泣起来。又过了一会儿，他站起来走了，没有告别。

几年后，当作家在街上又遇到这个人的时候，几乎认不出来了：他的步伐轻快有力，头抬得高高的，他从头到脚打扮一新，看来已经获得了巨大的成功。

当初的流浪汉也看见了作家，他兴奋地打了招呼，对作家说："当我离开你的卧室的时候，是一个流浪汉。但我对着镜子找到了自信。你站在那面大镜子前，把真正的我指给我看。你使我认识了自己，这给了我巨大的帮助。"

作家也笑着说："没错，但给了你最大帮助的，还是镜子里的人，是你自己。"

故事解析

我们每个人都有过直面困境的时候，无论你们是如何走过来的，总有一天你们会得出这样一个结论：求人即是无知，等待帮助无异于自杀。

一个人不管好坏，他自己才是命运的塑造者；虽然冥冥之中或许会不乏有某种力量支持你，或者阻碍你，可是如果不是你自己的力量，成功也不会自行找上门来。

实际上很多人都不知道，蕴藏在自己身上的力量有多神奇，很多人也不知道，自己究竟有什么神通，我们在心目中经常会记住很多或亲密或仇视之人的面庞，却往往对自己的面目感到模糊，因为我们在面临困难或是重大抉择之时，往往想起他人，而忘却了自己。

故事穿越

某人在屋檐下躲雨，居然看见观音正撑伞走过。这人连忙问道：

“菩萨？哎妈呀，真的是你呀！菩萨你大慈大悲，普度众生，劳驾带我一段如何？”

观音说：“我在雨里，你在檐下，檐下无雨，何须我度。”这人听了马上跳出檐下，站在雨中，得意地说：“哈哈，现在我也在雨中了，该度我了吧？”

观音说：“你我都在雨中，你被雨淋而我不被淋，因为我有伞。不是我度自己，而是伞度我。你要想度，不必找我，请自找伞。”说完便走了。

那人淋了半天雨，结果感冒了。他越想越气，“什么菩萨嘛，说好的大慈大悲观世音呢？”

第二天一大早，这人便要去观音庙里找泥菩萨算账。刚走进庙里，就发现观音的像前也有一个人在拜，那人仔细一看，居然正是昨天打伞的菩萨。

那人奇怪，便问：“你真的是观音吗？”菩萨答道：“我正是观音。”那人又问：“你都是已经是观音了，你怎么还来拜观音啊？”

菩萨笑着说：“你怒气冲冲来寻我，我便知道自己遇上了麻烦，我是菩萨，遇事不可求人，只好求己了。”

故事微语

菩萨有时候都要拜一拜自己，何况凡人。信赖你自己吧，当你选择了自助，你的心灵会随着你受到的磨难而变得坚强。当你觉得无法支撑时，不妨想想你将要求助的神明和菩萨，他们在成神前都是人，为什么不同那些最高尚的心灵一样接受类似的命运检验，而选择躲在角落里，做哭哭啼啼的幼儿和惶恐不安的懦夫呢？

心灵箴言

不管我们踩什么样的高跷，没有自己的脚是不行的。

——[德] 布莱希特

天行健，君子以自强不息，地势坤，君子以厚德载物。

——《易经》

我们虽可以靠父母和亲戚的庇护而成长，倚赖兄弟和好友，借交游的扶助，因爱人而得到幸福，但是无论怎样，归根结底人类还是依赖自己。

——[德] 歌德

没有挫折的人生并不完整

故事话题

一八二四年五月七日晚上，在音乐名城维也纳，一个历史性的伟大时刻铭刻在音乐艺术的辉煌史册上。在这座讲究礼仪的艺术之城，就是皇室驾临，人们也不过行三次鼓掌礼，而在这个晚上，掌声却达五次之多，因为就在这里，一部不朽的音乐杰作诞生了——《第九交响曲》。

罗曼·罗兰用激动的笔触写道：“黄昏将临，雷雨也随着酝酿。然后是沉重的云，饱蓄着闪电，给黑夜染成乌黑，挟带着大风雨，那是黑夜的开始，突然，当风狂雨骤之际，黑暗裂了缝，夜在天空给赶走，由于意志之力，白日的清明又还给了我们”。

是的，当人们从这震撼寰宇的音响中苏醒过来，当人们从这欢乐之声的轰鸣中站立起来，他们的情感在片刻沉默之后爆发了，壮观有如撕裂寂静黑夜的雷鸣嘶吼一般，人们狂热地欢呼鼓掌，向舞台蜂拥而去，向这位为人类铸造出如此惊人的艺术杰作的大师奔去。

但是，这位伟大作品的作者，这位在音乐世界中创造了一座又一座英雄群峰的作曲家贝多芬，此刻却背向狂热的观众毫无反应。因为他的耳朵，已经完全听不见了。

谁也无法想象耳聋对一个作曲家来说意味着什么，贝多芬在一封信中说：“我过着一种悲惨的生活。两年以来我躲避着一切交际，因为我不可能与人说话，我聋了。要是我干着别的职业，也许还可以，但上帝啊，这对我的行当太残酷了！”

大难临头，贝多芬并未因此而消沉，他向命运挑战，一件又一件地完成着他的作品，有时同时写三四件东西。忍受着艰难的“酷刑”工作着，他坚定而乐观地说：“我将扼住命运的咽喉。它决不能使我完全屈服。”如今，英雄史诗般的《第九交响曲》问世，实现了他的诺言。

当女低音歌唱家翁格尔拉着贝多芬的手转过身时，他不是听到，而是“看到”了听众强烈爆发的热情。双耳失聪的作曲家激动得当场晕了过去。从这个惊心动魄的首演之夜开始，贝多芬的《第九交响曲》向着无限的空间与时间扩展着、延续着，以至于许多音乐艺术家竟然也急不择词地对这部巨作加以热情的赞美。

舒曼说："我从来没有像现在这样对交响曲入迷。"

斯特拉文斯基说："我们热爱着贝多芬，我们爱他坚定不移的乐观主义，他愤怒的雄壮，他发人深思、令人感动的奋斗，还有他扼住命运咽喉那铁一般的意志。"

柴可夫斯基说："我向他伟大的作品鞠躬，我对他的态度，使我想起孩童时对上帝耶和华的态度。"

故事解析

人生犹如漫长的旅途，坎坎坷坷崎岖不平，每一个人都会遇到这样或那样的挫折。它是生活所赐予的，谁也无法逃避。当我们用心来感受挫折时，我们会发现，挫折只不过是一种感觉罢了。

不同的人对于挫折有着不同的心理反应。对于弱者来说，挫折是一把剐心的钢刀，一旦挫折来临，就任其宰割；对于庸者来说，挫折是一杯满含痛苦的苦酒，他们举起酒杯一饮而尽，却体味不到生活的甘甜；然而对于强者来说，挫折是一股抗争的动力，人生本来就不是一帆风顺的，不能因一次跌倒而耽误自己的行程，路很艰难，但只要走过去，前面就是蓝天。

挫折存在于我们人生的每个阶段，在童年，是脱离母体的那声啼哭，是初生牛犊不畏虎的天真；在青年，是失恋后的眼泪，是使青葡萄变成熟的风雨，是深浅莫测但又必须涉过去的河流；在成年，则是额上的一道道皱纹，是遇到无法理解和接受的事实后牙龈咬出的鲜血，是磨砺人生宝剑的砥石，是热爱生命的原动力。少了任何一个阶段的挫折，我们的人生都不完整。

故事穿越

美国著名电台广播员莎莉·拉菲尔在她30年职业生涯中，曾经被辞退18次，可是她每次都放眼最高处，确立更远大的目标。

最初由于美国大部分的无线电台认为女性不能吸引观众，没有一家电台愿意雇用她。她好不容易在纽约的一家电台谋求到一份差事，不久又遭辞退，说她跟不上时代。

莎莉并没有因此而灰心丧气。她总结了失败的教训之后，又向国家广播公司电台推销她的清谈节目构想。电台勉强答应了，但提出要她先在政治台主持节目。

“我对政治不甚了解，恐怕很难成功。”她也一度犹豫，但坚定的信心促使她大胆去尝试。她对广播早已轻车熟路了，她知道自己的长处，那便是平易近人的作风，她大谈即将到来的7月4日国庆节对她自己有何种意义，还请观众打电话来畅谈他们的感受。听众立刻对这个节目产生兴趣，她也因此而一举成名。

如今，莎莉·拉菲尔已经成为自办电视节目的主持人，曾两度获得重要的主持人奖项。她说：“我被人辞退18次，本来会被这些厄运吓退，做不成我想做的事情。结果相反，我让它们鞭策我勇往直前。”

故事微语

挫折是运动员将要跨过的那道横杆，是构筑人生大厦的一块砖石，是引导人类走向文明的向导，是炼铁锻钢的炉膛，是不朽和伟大的孪生兄弟。

感受挫折吧，它是人生的一道风景，它会使你懂得生命的意义。

隆冬的酷寒无法扼杀生命的搏动，巨大的困难无法摧毁我们的力量。世上没有注定的失败，只有轻易的放弃。面对挫折时，改变你的态度，我们将拥有全新的一切。怀着感恩的心，一路挥洒汗水，才无愧于我们的花样年华。每个人都会遭遇挫折，或强或弱，都需要我们坚定的意志与坚定的信念去克服。

心灵箴言

斗争是掌握本领的学校，挫折是通向真理的桥梁。

——[德] 歌德

卓越的人一大优点是：在不利与艰难的遭遇里百折不饶。

——[德] 贝多芬

一个人的成功，关键即看他能否战胜命运中的挫折；成功的过程，就是战胜挫折的过程。

——[美] 戴尔·卡耐基

寻找属于自己的放松方式

故事话题

著名作家沈从文曾经做过民国年间的北漂，他刚去北京的候，窘迫得很，生活在惶惶恐恐之中。微薄的稿费难以支付房租，断粮的威胁时时存在。

他只有不停地向朋友借钱。但他的创作才华在京城已经小有名气了。在他的朋友当中，徐志摩算是当时文化界的风云人物了，又是文豪胡适博士的挚友，徐志摩便向时任中国公学校长的胡适推荐了他，胡适说你推荐的，肯定靠谱，他便聘请沈到中国公学作讲师，至此，沈才结束了北漂日子，去大上海定居了。

沈从文为他的第一堂课做了精心准备，他把预备讲的内容写成了完备的提纲，还在心中默默想了几遍，而且还把上课的 45 分钟和他要讲的内容作了精确的划分。

可是第二天上课时他却发怵了。讲台底下坐了满满一课堂的跟他年纪差不了几岁的学生。这个没见过大市面的“乡无宁”心里发了慌。而对这位年轻的老师早有耳闻的学生们中不少还读过沈从文的作品，他们正满心期待着沈从文给他们讲些什么。

沈从文走上讲台，面对满屋人的注视，紧张得说不出话。原定于一堂课的讲课内容，不到十分钟就讲完了。讲完了，沈从文也不好意思说下课，他站了半天，最后拿笔在黑板上写道：“第一次讲课，见到这么多人，我怕了。”

这句话一写出来，台下哄堂大笑，连沈从文自己也笑了，紧张感一扫而尽。下课后，学生议论纷纷，传到北大校长胡适耳里，胡适笑着说：“上课讲不出话来，学生不轰他，这就够成功了。”

故事解析

紧张是任何人都会有的情绪，就连名人明星们，也往往有怯场的时候，他们也是人，光鲜背后也有紧张。

英国首相丘吉尔当年在演讲台上脸色发白、四肢颤抖，直到被轰下台去，这让他郁闷不已，他说：“每次演讲都觉得胃里像放着一块冰”。美国历史上最伟大的总统兼演说家林肯，在最初走上演讲台时恐惧得甚至连一句话都说不出来；美国雄辩家查理斯初次登台时两个膝盖抖得不停地相碰；印度圣雄甘地首次演讲不敢看听众；大科学家牛顿承认自己在演讲前抖动不已,大喊大叫……

在面临紧张时，我们要学会适当放松心情。那就是什么都不要去做，什么都不要去想，尽可能把心置入一片空灵之境地，在那静谧中寻求一种特有的安逸和享受。

如同睡眠是身体的休息一般，恬静则是心灵的休息，只有身体和心理都舒适的情况下，我们才能达到最理想的状态，才能有寻求幸福的可能，才能有产生快乐的源泉。也只有在真正的安静中，才可能产生智慧。

如果你面对紧张不知所措，你也可以像沈从文那样，试着找到一种放松的方式，和自己的心灵对话，获得心灵的释放，把身外的烦嚣嘈杂皆抛诸脑后，把带给你紧张的元素转化为安宁和轻松，你就能获得真正的宁静。

故事穿越

如果你游江南，来到岳阳楼前，可以看到郭沫若题写的“岳阳楼”三个金色大字匾额。远远观去，它简直是岳阳楼整个精巧外观的灵气所聚，堪称点睛之笔。而这字背后还有个故事

当初，毛泽东同志批示郭沫若为岳阳楼题字时，郭沫若写了几百幅“岳阳楼”，他从中挑选了比较好的三幅寄给了毛泽东。可是，毛泽东却偏偏选中了郭沫若写在信封上的“岳阳楼”三个字。因为毛泽东认为，这三个字是在最放松的状态下写出来的，浑然天成，不带斧痕，比其他几百个都要自然。

故事微语

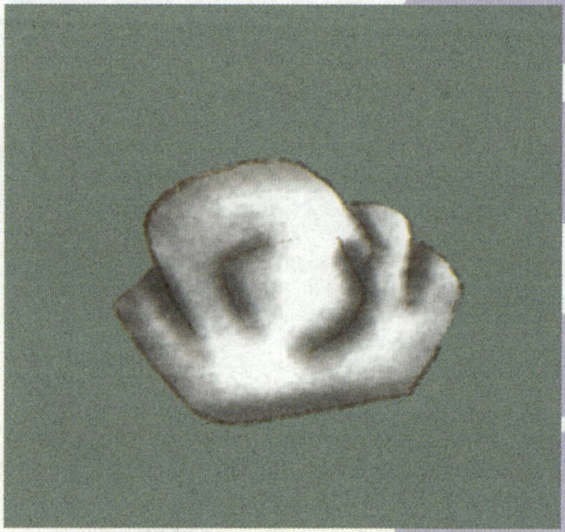

诸葛亮说：“非淡泊无以明志，非宁静无以致远。夫学须静也，才须学也。”宁静致远。我们应当学会如何放松自己的心情，在最少的压力下，获得最大的成就。古话说“静坐片刻还真我”，只有静下心来，才能遇见最佳的你，在忙碌中偶尔静坐一下，可以缓和紧张的情绪，让工作更有效率。

但紧张有时候也能给予人们强大的力量，飞将军李广，在野外突遇猛虎，情急之下，他一箭射去，射穿了虎头，仔细一看却发现是块酷似老虎的石头，那支箭没入石中，竟然拔都拔不出来，于是他弯弓搭箭，又射了好几次，可是火星四迸，箭却再也射不进了。

如何能在紧张与轻松之中走出一条成功之路，考验着每个人的智慧。唯有懂得何时该动、何时该静才是真智慧，所谓“动如脱兔，静如处子”，动静之间如何取舍，考验着我们的心灵。

学会给自己留出一点独处的时间，好好地抚慰你的心灵。勤劳与忙碌虽然是成功必不可少的因子，但静却能使人洞彻世事。

心灵箴言

只有充分放松，才能有力出击。

——陈安之

放松与娱乐，被认为是生活中不可缺少的要素。

——[古希腊] 亚里士多德

成功的法则应该是放松而不是紧张。放弃你的责任感，放松你的紧张感，把你的命运交付于更高的力量，真正对命运的结果处之泰然。

——[美] 马克斯威尔·马尔兹

第五篇

巧妙回避:尽量避开那些没必要的恐惧

回避是一种本事。现实中谁掌握不了它，谁就会迷惑和疲惫。回避不是要做糊涂虫，而是“难得糊涂”。回避是一种高境界，为别人着想，退一步天海阔天空，懂得这种境界的人能够走得更远。

回避和放下也是一种智慧

故事话题

赤壁之战前，刘备派诸葛亮前往江东与孙权结盟共同抵抗曹操。鲁肃在做他的引见人时，特意交代诸葛亮说：“先生见了我家主公，千万不要说曹操势大兵多的话，主公对于是战还是和，目前还在犹豫不决，先生如果说曹兵势大，我怕主公会有所顾虑。”

诸葛亮说这个你放心，我知道。

诸葛亮见了孙权，寒暄一番后，见孙权相貌堂堂，决心用激将法来激他，便故意说：“曹操大军茫茫多，绝对不下一百五十万人，而且身边的谋士和猛将，更不止一二千人，江东不过十来万人。孙将军还是投降曹操算了。”

孙权大怒，拂袖而起，退入后堂。鲁肃急忙责备诸葛亮说：

“你怎么说出这么一番话来，不是说好不提这事了么？幸好主公宽宏大度，不当面斥责你，你这番话，也太藐视我家主公了。”

诸葛亮却仰面笑曰：“我不过是试探罢了，如果你家主公怕了曹操，我就是不说出来，他也会投降，我既然说出来，则自有破曹之计，他不来问我，我何必受累。”孙权听了这话，转怒为喜，重新把诸葛亮请进内室，求教破曹之计，诸葛亮一席话说得孙权连连点头，立刻派人去柴桑请大都督周瑜来商议。

鲁肃对诸葛亮非常钦佩，便带他去见周瑜，诸葛亮又智激周瑜，让他坚定了破曹的决心，却又对他说：“孙权将军的决心还没有定下，都督还是要去开导一番呐”。

周瑜问：“怎么会呢？”

诸葛亮说：“孙将军还在担心曹操兵多将广，那天我故意激他，夸大了曹军的气势，都督这次去见将军，一定要从这方面悉心开导。”

周瑜便去见孙权，果然见他愁眉不展，周瑜问：“主公还有顾虑么？”

孙权回答说：“只是担忧曹操势大，我军寡不敌众啊。”周瑜笑着说：

"主公不必担心，我正为此而来，曹操水陆两军，号称百万，我早派细作打听清楚了，他中原的军队，不过十五六万，这些年来东征西讨，早就疲惫了，新破袁绍后，袁家将士都做鸟兽散了，归降他的顶多七八万，荆州刘表的军队，能打的也不过三五万，这样算起来，曹操所帅的军队，绝不会超过三十万，主公只需给我五万人，我定能大破曹操，请主公不必担心。"

孙权拍着周瑜的肩膀说："公瑾啊，你可是解开了我的大结，要多少人马你随便挑，我多发粮草给你，你前军如有不顺，我将亲自领军，与曹操决一死战！"

故事解析

赤壁之战前，东吴多数谋士，都被曹操的大军吓破了胆，纷纷劝孙权投降，而孙权虽然颇有志向，却也担心寡不敌众，只有诸葛亮和周瑜看到了曹操大军的弱点，尽力淡化对孙权带来的压力和恐惧，最后使孙权下定了决心，不再恐惧，从而能以少胜多，打败曹操。

朋友之间因为回避了一些心知肚明的最敏感问题，坚持诚待与明知的态度和举止，让朋友之情总是保持了那份快乐和和谐和神秘和甜蜜；聪明的领导总是回避了下属之间发生矛盾的一些最敏感的问题，坚持“视而不见”，所以才终能使本单位保持了一种自然的平衡与活力。

故事穿越

美国影歌双栖女明星卡罗尔·钱宁1921年出生，早年在夜总会卖过唱。作为表演节目的一项内容，有时候卡罗尔小姐即兴回答一些听众提出的有关她的私生活的问题。

有一次，一位男士问她：“你记得使你十分窘迫的时候吗？”

“是的，记得。”卡罗尔回答道：“下一个问题。”

故事微语

人生就是选择，回避和放下是选择的艺术，是人生的必修课。

没有勇敢的放下，就没有辉煌的选择。与其苦苦挣扎，拼得头破血流，不如潇洒地挥手，勇敢地选择放下。歌德说："生命的全部奥秘就在于为了生存而放弃生存。"

放下是一种智慧。"明者远见于未萌，智者避危于未形。"只有学会放下，才能使自己更宽容、更睿智。放下不是噩梦方醒，不是六月飞雪，也不是优柔寡断，更不是偃旗息鼓，而是一种拾阶而上的从容、闲庭信步的淡然。

放下是一种灵性的觉醒，是一种慧根的显现，一如放鸟返林、放鱼入水。人生是艰难的航行，绝不会一帆风顺。当必须放弃时，就果断地放弃吧。放得下，才能走得远！有所放弃，才能有所追求。什么也不愿放弃的人，反而会失去最珍贵的东西。放弃时髦，是为了追求更前卫的特立独行；放弃热闹，是为了追求更丰富的心灵盛宴。

智者曰：两弊相衡取其轻，两利相权取其重。放弃难言的负荷，方能解开心灵的枷锁；放弃满腹的牢骚，方能蕴蓄不倦的威力；放弃纤巧的诡辩，方能拥有深邃的思想；放弃虚伪的矫饰，方能赢得真挚的友情。

心灵箴言

善用兵者，避其锐气，击其惰归。

——《孙子兵法》

有取有舍的人多么幸福，寡情的守财奴才是不幸。

——鲁达基

在人生的大风浪中，我们常常学船长的样子，在狂风暴雨之下把笨重的货物扔掉，以减轻船的重量。

——巴尔扎克

在恐惧面前做到进退有度

故事话题

一位空军飞行员在演讲中说："第二次大战期间，我是 F6 战斗机的驾驶员。我第一次的任务，是轰炸并扫射东京湾。从航母起飞后，我一直保持高空飞行，准备以俯冲的姿态滑落至目的地 300 英尺上空执行任务。然而，正当我俯冲时，飞机左翼却被敌机击中，飞机就像陀螺一样不断地翻转，急速下坠。我发现海洋竟然在我的头顶。

飞行员顿了一下，说："你们知道是什么东西救我一命的吗？"

大家盯着飞行员摇头，飞行员继续说："在我接受训练的期间，教官一再叮嘱，在紧急状况中要沉着应付，不要轻举妄动。飞机下坠时，我想起了这句话，所以我什么机器都没有乱动，只是静静地想，静静地等候把飞机拉起来的最佳时机和位置。最后，我果然幸运地脱险了。"

他一再强调："一直到现在，我还记得教官那句原话：'不要轻举妄动而自乱脚步；要冷静地判断，抓住最佳的反应时机。'"

故事解析

沉不住气的人遇到紧急情况时最容易失败，因为他们不知道如何去面对恐惧，他们往往用本能去做决定，这样一来，焦躁的情绪占据了他们的心灵，他们没有时间考虑自己的处境和地位，更不会坐下来认真思索有效的对策。

在发展进步的过程中，面对强大的震惊，不要惊慌失措，要镇定自若，进退有度。能否冷静面对恐惧考量着一个人的气度和能耐。这种气度和能耐来自于理智的头脑，这种气度和能耐使人在大的变动中沉着应对，处变不惊。

生活中通常有很多人在做每件事前都显得犹豫不决，这其实就是一种恐惧情绪。

之所以有这种恐惧情绪，是因为他们想得太多、做得太少，并因此退避三舍，不愿面对。他们充满矛盾的原因是，一方面他们对自己所期待的东西充满了向往，而另一方面他们又给自己设下种种心理障碍，让自己不敢行动。当看到其他人发出行动获得成功时，他们会感到深深的失落和焦躁，甚至会产生自我怨恨的情绪。对这种情绪我们应该冷静面对，理智地去处理。如果我们在面对恐惧时能够沉着冷静，我们就能得到更接近客观的评价，就能迅速找到有效解决问题的方法。

马尔登曾经说过：“人们不安和多变的心理，是现代生活常见的现象。”他认为，恐惧是一个人生命情感中难解的症结之一。面对自然界和人类社会，生命的进程从来都不是一帆风顺、平安无事的，总会遭到各种各样、意想不到的挫折、失败和痛苦。当一个人预料将会有某种不良后果产生或受到威胁时，就会产生这种不愉快的情绪，并为此紧张不安、忧虑、烦恼、担心、恐惧，程度从轻微的忧虑一直到惊慌失措。

故事穿越

一位推销员因为经常被客户拒之门外，患上了“敲门恐惧症”。推销是他的工作，他每天都不得不去敲门，可是每次看到大门，他的手就颤抖。迫不得已，他去请教一位推销大师，推销大师弄清楚原因后，就问：“我们假设你正想拜访某位客户，你已经来到客户家门前了，我来向你提几个问题。”

推销员点头。

“请问你现在站在哪儿？”

“客户门口。”

“你想做什么？”

“进去和客户交流。”

“你进去之后，最坏的情况是什么呢？”

“被客户拒绝，然后被赶出来，运气好的话不会挨打。”

“赶出来之后呢，你又会站在哪里？”

“客户的门口。”

推销员突然明白了，大不了回到原点罢了。敲门并没有想象中那么可怕。

故事微语

恐惧虽然阻碍着人们力量的发挥，给人们做事情带来一定的困难，但它并非是不可战胜的。只要人们能够积极地行动起来，在行动中有意识地纠正自己的恐惧心理，就会减少人们做事情的畏难情绪，那它就不会再成为威胁。

每个人的内心都或多或少存在恐惧，害怕是面对恐惧的第一反应，这无可厚非，但任何事都要把握一个“度”，害怕亦然，我们可以一时害怕，但不能让害怕从此深藏于你的潜意识中，影响你、束缚你，让你消极地去看待世界，当恐惧以某种方式限制了我们的生活时，我们一定要知道，恐惧本身，不过是一种情绪，当你在恐惧面前拾起自信之时，恐惧自然就也消散得无影无踪了。

心灵箴言

只要还能思考，恐惧就不能完全控制一个人。

——柴静

当我在空中建起楼阁，我就不再有悲伤和恐惧。

——[英] 罗·伯顿

“只要你勇敢地去做让你害怕的事情，害怕终将灭亡。”

——[美] 爱默生

不按常理出牌的人能反败为胜

故事话题

一群孩子在一位老人家门前嬉闹，他们用尽了全身的力气玩耍，叫声连天。几天过去，老人难以忍受，他连夜写了一张字条，贴在了小区的操场上，上面写着：“这里严禁喧闹！”

然而第二天，那群孩子又来了，他们比前几天玩得还要凶，甚至把皮球也带来了，老人不但要忍受声音的喧闹，还要担心自己的窗玻璃。

夜里，老人把操场上的字条撕掉了，他想了一个新法子。

第三天，孩子们又如期来了，正当孩子们玩耍的时候，老人打开门走到他们面前，给了每个孩子 25 美分，并对他们说：“你们让这儿变得很热闹，我觉得自己年轻了不少，这点钱给你们分了吧，表示我的谢意。”

孩子们很高兴，第二天仍然来了，一如既往地嬉闹。老人再出来，给了每个孩子 15 美分。他解释说，自己没有收入，只能少给一些。15 美分也还可以吧，买个冰棍什么的也够了，孩子仍然兴高采烈地走了。

第三天，老人只给了每个孩子 5 美分。

孩子们勃然大怒，“搞什么啊，你越来越抠了！一天才 5 美分，你知不知道我们玩得有多辛苦！”他们向老人发誓，他们再也不会来这里玩了！

故事解析

有人这样解读“命运”：“命”是由基因决定的，是伴随我们一生难以改变的那一部分；“运”则是后天形成的，是可以通过我们的努力加以改变的。有时，我们会有一个不如常人的出身，会有贫寒的童年，甚至会有残缺的身体，这些就像手中拿到的坏牌，这是不可变更的。但是，究竟怎样来玩这把牌，主动权在我们的手里，我们可以变换出牌的方式，尽全力得到最好的结果。

善于找方法的人无论面临怎样的困境都能将主动权紧紧掌握在自己手中。企业无不喜欢“玩好坏牌”的员工，有了这种精神和智慧，无论是在工作中还是生活中，都可以把问题解决得很好。

现实生活中，有的人常常感到实际中的“我”离理想中的“我”太遥远了。一方面在为自己设想一条成功之路，另一方面又悲叹自己无力去实现……

为什么有的人在平凡的工作中，却干出了不平凡的成绩，而有的人终生都一事无成？问题不在一个人的“天赋”有多高，而在于人们常常看不清自己，难以认识自己所拥有的一切，不论是你的外貌、才能、身高、人脉，都是你可以拿出来的资本。只是我们不能很好地利用这些资源，才导致机会的错失。

故事穿越

美国心理学家福·汤姆逊有一次外出回家，天色已晚，大街上静悄悄的，一个人影都没有。他摸了摸大衣口袋揣着的2000美元，心里有点担心。

费城最近治安不大好，强盗很猖獗，人们外出时往往带上几美元，以备在被劫时乖乖奉上，作为买命钱。

汤姆逊想，自己这钱带得有点多了。他边走边警惕地观察四周，果然发现身后几米远的地方，有个戴兜帽的大汉紧紧尾随着他。他慢跑快走，怎么也甩不掉这个“尾巴”。汤姆逊是个心理学家，他急中生智，冷不防地向后转，朝大汉迎面走去，突然跪下哭着对大汉说：

“先生，发发慈悲，给我几角钱吧！我快饿得发昏了。”大汉上下打量他一番，见他一副寒酸相，嘟囔着说：“倒霉！我还以为你口袋里有钱哩！”说完，他向汤姆逊吐了口唾沫，然后把大衣领子竖起来，一闪便消失在黑暗中了。

故事微语

我们很可能遇到这样的情形：有时候会觉得所有的问题都会接踵而至，所有的难题似乎都在同一时间之内抛向了你，于是你开始晕头转向，觉得为什么自己的运气会这么差呢？而每每这个时候，人越是要慎重走好每一步，每一步都要经过深思熟虑，只要深思熟虑之后不走错路，这些问题才能迎刃而解，自己的前途才能无限光明。

做任何事情，都既要勤奋刻苦，又要开动脑筋想办法。傻瓜喜欢速决：他们不顾障碍，行事鲁莽，干什么事都急匆匆的；有时候尽管判断正确，却又因为疏忽或办事缺乏效率而出差错；在遇到难题的时候，不是积极主动地寻找方法，而是默默地待在那里等待时间去自行解决。但是智者却不会这样，他们一生都在开动脑筋，积极寻找新的方法，为人类解决了很多曾被认为是根本解决不了的问题。

心灵箴言

繁礼君子，不厌忠信；战阵之间，不厌诈伪。

——韩非子

遇到难题时，我总是力求寻找巧妙的思路，出奇制胜。

——朱清时

只有先声夺人，出奇制胜，不断创造新的体制、新的产品、新的市场和压倒竞争对手的新形势，企业才能立于不败之地。

——黄汉清

每一件事都需要深思熟虑

故事话题

唐朝的贾岛是著名的苦吟派诗人。所谓苦吟派是和李白这类自然派对应的，李白等人讲究“清水出芙蓉，天然去修饰”，而苦吟派呢，会为了一句诗或是诗中的一个词，不惜耗费心血，花费工夫。

贾岛曾用几年时间做了一首诗。诗成之后，他热泪横流，不仅仅是高兴，也是心疼自己。当然他并不是每做一首都这么费劲儿，如果那样，他就成不了诗人了。

贾岛喜欢骑着毛驴，闭着眼睛琢磨诗句，至于去哪毛驴说了算，这样一来经常闯祸，有一次贾岛骑驴闯了官道。他正琢磨着一句诗：

闲居少邻并， 草径入荒园。 鸟宿池边树， 僧推月下门。 过桥分野色， 移石动云根。 暂去还来此， 幽期不负言。

他琢磨来琢磨去，觉得“僧推月下门”这句里的“推”字有点不大合适，不如“敲”好。嘴里就推敲推敲地念叨着。不知不觉地，就骑着驴闯进了大官韩愈的仪仗队里。

韩愈一看怎么这人骑着毛驴就闯进来了，应该不是刺客，便问贾岛为什么乱闯。贾岛就把自己做了一首诗，但是其中一句拿不定主意是用“推”好，还是用“敲”好的事说了一遍。

韩愈听了，哈哈大笑，对贾岛说：“我看还是用‘敲’好，万一门是关着的，推怎么能推开呢？再者去别人家，又是晚上，还是敲门有礼貌呀！而且一个‘敲’字，使夜静更深之时，多了几分声响。静中有动，岂不活泼？”

贾岛听了连连点头。便和韩愈交上了朋友。

故事解析

推敲推敲，有时候只有反复的思量和推敲，我们才能做出最有利的选择。

人们在面临某些事情时，往往由于对眼前的情况了解的还不够充分，不能马上作出判断，而需要经过仔细的考虑，这就是通常所说的三思而行。

做人和处事是我们每个人每一天都在面对的。人生会遇到许多事。有些事是必须立刻去处理的，去面临的。但当这些急迫的事情发生的时候，应该如何处理？冲动，还是三思？事情虽然有轻重缓急，但我们必须要先冷静下来，不要冲动。常言道“一招不慎，满盘皆输。”

故事穿越

稻盛和夫在日本经济界享有很高的声誉。他所创办的京都陶瓷公司，是日本最著名的高科技公司之一。该公司刚创办不久，就接到著名的松下电子的显像管零件U形绝缘体的订单。这笔订单对于京都陶瓷公司的意义非同一般。

但是，与松下做生意绝非易事，商界对松下电子公司的评价是：“松下电子会把你尾巴上的毛拔光。”对新创办的京都陶瓷公司，松下电子虽然看中其产品质量好，给了他们供货的机会，但在价钱上却一点都不含糊，且年年都要求降价。对此，京都陶瓷有一些人很灰心，因为他们认为：再这样做下去的话，根本无利可图，不如干脆放弃算了。但是，稻盛和夫认为：松下出的难题，确实很难解决，但是，屈服于困难，也许是给自己找借口，只有积极主动地想办法，才能最终找到解决之道。

经过再三摸索，京都陶瓷公司创立了一种名叫“变形虫经营”的管理方式。其具体做法是将公司分为一个个的“变形虫”小组，作为最基层的独立核算单位，将降低成

本的责任落实到每一个人。即使是一个负责打包的员工，也都知道用于打包的绳子原价是多少，明白浪费一根绳会造成多大的损失。这样一来，公司的营运成本大大降低，即便是在满足松下电子苛刻的条件下，利润也甚为可观。

故事微语

深思熟虑与快速地把握时机并不冲突，做事情要学会把握时机，同时在决策的时候还要多去思考，特别是重大问题时，必须要进行全方位的考虑，拿不准的时候多听听旁人的意见，也很有好处。这样的人才有希望达到成功的彼岸，立于不败之地。

看上去很简单，但真正实施起来却非常困难，的确，有些问题非常顽固，想了许多办法，仍无法解决。于是有人便认为“已是极限”，或是“已经尽力”，再去努力也是白搭。当你真正经过一番努力奋斗后，就知道所谓“难”，其实只是自己的“心灵桎梏”。

解决问题的关键不在于问题本身，而在于我们没有解开自己的心结，在于我们没有用心去“想”。不怕问题困难，就怕不想。就好像一把钥匙开一把锁，每一个问题都会有解决的办法，而这把解决问题的钥匙，就在我们自己身上。

心灵箴言

季文子三思而后行。子闻之曰：“再，斯可矣。”

——《论语·公冶长》

我平生从来没有做过一次偶然的发明。我的一切发明都是经过深思熟虑，严格试验的结果。

——[美] 爱迪生

淡定面对不满意的事情

故事话题

日本的白隐禅师，以安忍而著称于世。

有位姑娘与一男子有染，生下一子。姑娘怕虔信佛法的父母谴责，就告诉父母，跟她有染的，是白隐禅师，姑娘以为父母对禅师尊敬有加，这样做或许可以免去父母的责难。

不明真相的父母听信了女儿的谎言，他们抱着刚生下的婴儿扔给禅师，骂道："你这个败坏佛门的假和尚，以前没看清你的丑恶面目，蒙受你的欺骗，没想到你竟做出如此禽兽不如的事。这是你的儿子，拿去吧！"

禅师无比淡定地说了声："是这样吗？"

便默默地接过孩子。父母看到这一幕，更加坚信没有冤枉禅师，将此事到处传播。不多久，人们都知道了禅师的"丑恶行经"，纷纷白眼相视。

禅师却不以为然，他经常抱着柔弱的婴儿，到刚生过孩子的人家里乞求奶水。那些人说："哼！要不是看在孩子可怜的份上，才不会给你呢！"

时间一天天过去了，姑娘的良心备受煎熬。她不想再看到人们对禅师的不公正待遇，终于向父母坦白了一切。父母万分羞愧地来到禅师面前忏悔。禅师听后，还是无比淡定地说：

"是这样吗？"

故事解析

这样的故事，这样的场景，人生之中，会遇到很多，也许不会有人把孩子抱来冤枉你，但总会有各式各样让你委屈的事情发生，比如辛辛苦苦费了很大的劲才搞定的一个客户，半道上却被另外一个同事“劫”了去，而上司却指责你不用功；比如多年的朋友，因为一件小事产生了误会，朋友痛心疾首，讽刺挖苦，甚至不再理会你；比如你凭良心出发，做了一件好事，却被人误以为你沽名钓誉，另有企图等等。

当你遇到这样的事情时，是淡然处置，一笑了之，还是怒发冲冠，心中燃起无尽的怒火？其实怒发冲冠，只能使小事变大，心中装不下，非但与事无补，还会把事情推向另一个极端，与人与己无半点益处。在这个时候，不妨试试淡定这味良药，不妨想想白隐禅师的故事。他淡定的处世方式，充满了人生的智慧。

杜甫有诗：“水流心不竞，云在意俱迟。”滚滚红尘之中，人不能把欲望和追逐放在第一位，而应该给心灵留一方空间。

淡定并不是看破红尘，不思进取，它是经过岁月磨砺后的沉稳含蓄，看淡世俗名利，只会活得更加潇洒、更加丰实。淡定不是不屑一切，只是少了份热烈，多了份稳重。

淡定的人，崇尚简单的生活，极少的抛头露面，换来的是对人生、对社会的宽容，不苛求心灵的清净；他们为工作、事业努力着，足以维持体面，但却不忘乎所以，因为他们知道，人生需要执着，但更需要随缘；他们简单地活着，善良、率直、坦荡，有足够的时间和心情去品评人生的况味，享受人生的乐趣；淡定的人，拒绝练就那种摧眉折腰卑屈权贵的性格；他们就像秋叶的静美，淡淡地来，淡淡地去，给人以宁静，给人以淡淡的欲望，活得简单而有韵味。

故事穿越

每个人都知道，美国人阿姆斯特朗是第一个登上月球的人，当他的一只脚踏在月球上的时候，整个世界都在为他欢呼，这一步具有划时代的意义。殊不知，当时和他同在一艘飞船上的还有另外一个人，他的名字叫奥德伦。

阿姆斯特朗登上月球后所说的第一句话是："我个人的一小步，是全人类的一大步。"这句话看过新闻的地球人都知道。但是，当时准备下飞船的时候，阿姆斯特朗和奥德伦都知道，第一个把脚踩在月球上意味着什么。但事情总有个先后顺序，阿姆斯特朗正想着怎么跟同事说的时候，奥德伦对他的伙伴说："你先下去吧！"

如此豪迈的气度。阿姆斯特朗被感动了，他坚持不肯自己先下去，面对这么好的朋友，他怎么可能那样做呢！

看到好友为难的样子，奥德伦说："别担心，你会成为登上月球的第一人，而我会成为返回地球的第一人；回去的时候，我自然会第一个走下去的。"

故事微语

生活中我们总有太多的抱怨，太多的不平衡，太多的不满足，犹如一个被宠坏的孩子，总是向生活不断索取着。越是拥有，越是担心失去。尽管生活中的很多东西一旦失去，便不容我们找寻。但有时幸福就像手心里的沙，握得越紧，失去得越快。有时幸福就像彼岸的花朵，隐约可见，却无法触摸。

没有什么是不能够放下的，时间可以淡化一切，如果当时你忿忿不平，迟早有一天你会释然，何不现在就看淡这一切？或许付出真心的人不一定能换来真心，但能够拥有一颗淡定的心，比换来的好事要珍贵百倍。

当你拥有淡定之心，你将从容、沉稳、平淡、真实，没有太多的物欲奢望，宠辱不惊，得之坦然、失之淡然、争其必然、顺其自然、历尽沧桑悟然。

心灵箴言

泰山在前而不见，疾雷破柱而不惊。

——欧阳修

淡定是一种人生涵养，纯真是一种性格使然。

——谚语

宠辱不惊，看庭前花开花落；去留无意，望天空云卷云舒。

——《幽窗小记》

心灵榜样微史话

威尔玛·鲁道夫

威尔玛·鲁道夫是奥运会历史上最伟大的女子短跑运动员之一。她于 1940 年出生在田纳西州圣伯利恒的一个非常贫穷的美国非裔大家庭之中，她有兄弟姐妹 22 人，她位列第 20。由于早产，她出生时的体重只有两公斤重。

在她幼年时，她身患多种疾病，包括肺炎、猩红热。她还患有脊髓灰质炎（小儿麻痹症），这对她的左腿带来危害。在她 6 岁时，由于左腿不能正常使用，她开始穿着固定腿的金属绷带。她的母亲开车把她送到离家 80 里之外的一位专门医生那去治疗，在那她得到体质上的治疗，这样有助于治愈她的腿。

她后来说道：“我的医生告诉我，我将永远不能行走了，而我的妈妈告诉我说，我能够行走，我相信我的妈妈。”很快，她家对她的关心和细致的照顾有了回报，到她九岁的时候，她终于脱下了她的金属护腿绷带。威尔玛很高兴，因为她能够跑步，并能像其他孩子们那样玩耍。在她 11 岁的时候，她哥哥在后院树立起一个篮球筐，自打那以后，她每天玩篮球。还参加了博特中学的女子篮球队。C.C.格雷是这支球队的教练，他给她取了一个绰号“Skeeter（蚊子）”，她在中学篮球比赛中表现出色，曾经在一场比赛中得到了 49 分，这打破了田纳西州的纪录。

田纳西州立大学田径队的教练名叫爱德·坦普尔。爱德·坦普尔请求格雷在中学组建一支女子田径队，他认为威尔玛·鲁道夫将是一位非常优秀的奔跑运动员。她在这支新的运动队中表现同样非常出色。

威尔玛·鲁道夫在她 16 岁，仍在上中学的时候，她第一次参加奥运会，她参加了 1956 年在澳大利亚墨尔本举行的奥运会，她是美国代表队中最年轻的选手，她在 4×100 米接力跑比赛中获得了一枚铜牌。1960 年，她创造了 2000 米的世界纪录，当威尔玛·鲁道夫再次参加意大利罗马举行的奥运会时，她分别获得了 100 米和 200 米的两枚金牌，她以 23.2 秒的成绩创造了 200 米新的世界纪录，她所在的队在 4×100 米接力比赛中也获得了金牌，也以 44.5 秒的成绩创造了新的世界纪录。这三枚金牌使她成为罗马奥运会上最受欢迎的运动员之一，这些胜利使得人们称她为“世界上跑的最快的女人”。

玛克西姆·高尔基

阿列克塞·马克西莫维奇·彼什科夫（1868—1936），笔名马克西姆·高尔基，前苏联著名的作家、诗人，评论家，政论家，学者，11 岁时当过学徒。他是俄国下诺夫哥罗德人，俄罗斯族。

1868 年 3 月 16 日生于下诺夫哥罗德的一个木工家庭。是社会主义现实主义文学奠基人，无产阶级艺术最伟大的代表者、无产阶级革命文学导师、苏联文学的创始人之一， 1892 年用笔名“玛克西姆·高尔基”发表处女作短篇小说《马卡尔·楚德拉》。

他的话剧《小市民》（1901 年）和《底层》（1902 年）发表引起了轰动，高尔基名气大噪，以至于所有当局迫害他的企图都遭到强烈的反对。由于他签署了一份反对官方对一次学生游行事件的报道的文章被流放到克里米亚，在那里他受到了他的朋友和敬仰者的隆重欢迎。当沙皇尼古拉二世将他接收为俄罗斯科学院名誉院士的决定否决时，许多知名的院士对此提出抗议，包括安东·契诃夫。1905 年 1 月 9 日沙皇警察再次血腥镇压毫无武装的平民示威后，高尔基对此提出抗议。为此他被关押。外国传媒对此事表示极为气愤，这一举动迫使沙皇政府释放高尔基。

1927 年 10 月 22 日前苏联科学院决定就高尔基开始写作 35 周年授予他无产阶级作家的称号。当他此后不久回到苏联后他获得了许多荣誉：他被授予列宁勋章，成为苏联共产党中央委员会成员。苏联全国庆祝他的 60 岁生日，许多单位以他命名。他的诞生地诺夫哥罗德被改名为高尔基市。

赫伯特·斯宾塞

赫伯特·斯宾塞（1820—1903），英国哲学家。他最有名的绰号就是“社会达尔文主义之父”。他提出一套学说把进化理论中的“适者生存”说，应用在社会学上尤其是教育及阶级斗争上。此外，他的著作对很多课题都有贡献，包括规范、形而上学、宗教、政治、修辞、生物和心理学等等。

1820年，斯宾塞出生于英国德比（Derby）城，他的双亲是颇有名气的教育家威廉·乔治·斯宾塞夫妇，在他们的九个孩子中，斯宾塞是最大的，也是唯一活下来的孩子，他的弟弟妹妹都在出生几天后就死去了，只有一个妹妹活到了2岁。

13岁时，斯宾塞被父亲送到巴斯（Bath）附近的小镇辛顿查特修。在那里他叔父能够为他提供正规教育。最初因为他觉得很闷并抗拒学习拉丁语和希腊语，他有时候甚至会跑回家来。但随着年龄的增长，斯宾塞开始从叔父身上学会并发展自己早期政治经济理念，并以回应叔父的激进改革观点。

1836年，叔父为他找到一份铁路的土木工程师的职位。斯宾塞在工作中的体验让他停止在行业上的追求，反而觉得老板让工人们过分劳累。从这一刻起斯宾塞下定决心编写文章。

斯宾塞22岁之后不断拜访叔父，并把有关政治信件发给一些激进报纸，譬如《非规范人》。这是他正式开始参与传媒及社会政治撰稿。这些稿件被汇编为他的著作《政府的适当权力范围》。

这些早期著作显示了自由主义者对工人权益及政府责任的观点。1851年，他这些的观点在他的著作“社会静态学”变得越来越成熟。书中内容强调个体力量对社会的重要性，但社会却总是在无可置疑地践踏它。

他早期著作表露了对工人阶级的怜悯之心以及对神的伟大设计的叹服之情。斯宾塞在伦敦财经媒体《经济学人》担任副编辑五年，直到1853年时才离职开始投入专业写作。及后数年，他的著作涵盖了教育、科学、铁路工业、人口爆炸及很多哲学和社会学的课题。

60岁的斯宾塞健康非常差。1882年，他打破自己的不去教堂的惯例出席了查尔斯·达尔文的丧礼。1902年，他被提名竞逐诺贝尔文学奖。他一生都投入写作。享年83岁。

保罗·盖蒂

保罗·盖蒂（1892—1976）——石油怪杰，60年代世界首富。

1892年12月15日，保罗·格蒂出生于美国，他的父亲乔治·盖蒂原是明尼阿波利斯市的一名律师，后来又开了一家保险公司，生活相当富裕。保罗是独子， 他的父亲是个石油商。在还未对石油产生兴趣前，盖蒂的愿望是想当一位作家和外交官。一次偶然的机会，盖蒂看见了父亲开采石油的过程。出于好奇，他白天经常到油田工地去看热闹，后来

就干脆参加工人的挖井采油工作，并逐渐对石油业产生了浓厚的兴趣。

当时的盖蒂既没有资本，又没有地质学及石油开采专业知识，只不过在父亲的石油事业耳濡目染下，有一点感性认识。但是，他却信心十足，不停地四处寻觅机会，一年很快就过去了，盖蒂仍然没有赚到一分钱。

1915 年的冬天，机会来了，盖蒂获悉一块叫“南希泰勒”的农场将要公开拍卖。他前往那里查看，立即判定这块地下一定蕴藏着丰富的石油。但是，同时与他竞争的还有很多开发商，都比他有钱有经验。面对竞争，盖蒂玩了个心眼。

他的一个朋友是当地一家著名银行的高级职员，于是盖蒂请求这个朋友代表自己去投标，这样一来，别的开发商都以为高级职员代表的是一家实力非凡的大公司，同时，他们还都在那家银行里有借贷，因此只好偃旗息鼓。就这样，盖蒂仅用 500 美元就得到了这块土地。

1916 年，盖蒂在南希租借地上所挖的第一口井出油了，而且一天可生产 720 桶原油。而在喷油后的第三天，盖蒂就果断地将这块地转租给别的石油公司，并从中净赚 12000 美元。这次交易坚定了保罗对石油业的信念，相信自己能赚更多的钱。由此，他开始把石油作为自己的事业来经营。到 24 岁的时候，盖蒂已经是一个百万富翁了。而到了他 60 岁时，已经建立起了一个石油帝国。

即使一战后美国经历了大萧条，但盖蒂的石油帝国却坚如磐石，根据石油地质学家们保守的估计：盖蒂的中立区油田储油量在 13 兆亿桶以上。从 1954 年起，盖蒂开始营建他的超级油船队，在洛杉矶、纽约，他以惊人的速度建起了价值超过 4000 万美元的新办公楼。1957 年，盖蒂的资产就已超过 10 亿美元。这一年，《命运》杂志列出美国最富有的人名单时，盖蒂名列榜首，此后 20 年间，盖蒂一直都没有离开这个位置。

路德维希·凡·贝多芬

贝多芬（1770—1827），出生在德国波恩，祖籍佛兰德梅赫伦。自幼学习音乐，在父亲的严格训练下，很早就显露出了音乐上的才华，8 岁便开始登台演出。11 岁辍学。17 岁那年，在波恩宫廷大学旁听哲学，也就是在这时与莫扎特有了短暂接触。

1792 年，贝多芬定居维也纳，经过海顿的指引，艺术上进步飞快，3 年后出版第一部作品。他创作了大量充满时代气息的优秀作品，如交响曲九部，歌剧《费黛里奥》，戏剧《哀格蒙特》《雅典的废墟》；钢琴奏鸣曲《悲怆》《月光曲》（c 小调钢琴奏鸣曲）等。

他集古典音乐的大成，同时开辟了浪漫时期音乐的道路，对世界音乐的发展有着举足轻重的作用。是一位颇具创造性的作曲家。是德国最伟大的音乐家、作曲家、钢琴家、指挥家。维也纳古典乐派代表人物之一，他与海顿、莫扎特一起被后人称为“维也纳三杰”。

贝多芬有着天才的灵感和伟大的灵魂，他和米开朗基罗、列夫·托尔斯泰的一生都经历了各种苦难坎坷，法国作家罗曼·罗兰根据他们的人生写成了《名人传》，其中以贝多芬为蓝本的名为《约翰·克里斯朵夫》。

从 1796 至 1800 年，整整 4 年，贝多芬的耳鸣日夜作响，这是耳聋的前兆。贝多芬在他 26 岁的时候听力便开始减弱，到了老年耳朵失聪。但即便如此，他依然创作出了不朽的音乐名篇，其中有《月光奏鸣曲》和《C 小调第 5 交响曲》等。

他的九部交响曲全都在维也纳举行了首演式。1805 年，他唯一的一部歌剧创作《费黛里奥》充满了激情。他的《第九交响曲》中的《欢乐颂》，如今已经成为欧盟的盟歌。

吴起

吴起（前 440—前 381），中国战国初期军事家、政治家、改革家，兵家代表人物。卫国左氏［今山东省定陶县，一说山东省曹县东北］人。

吴起历侍鲁、魏、楚三国，通晓兵家、法家、儒家三家思想，在内政、军事上都有极高的成就。司马迁著《史记》时，将孙武和吴起合立于《孙子吴起列传》。吴起著有《吴子兵法》一书，由于他在军事理论上的贡献，后人将孙武、吴起并称为“孙吴”。唐肃宗时将吴起等历史上十位武功卓著的名将供奉于武成王庙内，被称为武庙十哲。宋徽宗时追尊吴起为广宗伯，位列宋武庙七十二将之一。

吴起出生于家有千金的富足家庭，早年在外求官不成，耗尽全部家产。同乡邻里的人笑话他，他就杀掉三十多个讥笑自己的人，从东门逃出卫国。吴起和母亲决别时，咬着自己的胳膊狠狠地说：“我吴起如果做不了卿相，就绝不再回卫国。”后来吴起拜曾参之子曾申为师，学习儒术。吴起的母亲病逝，他没有回家奔丧，曾申恼怒吴起不孝，和他断绝了师生关系，吴起于是弃儒学兵，侍奉于鲁国季孙氏门下。

吴起先后在鲁国魏国和楚国立下大功，在鲁国为将，齐国不敢犯境；在魏国为上卿，大力改革军制，攻伐秦国，使秦国内外交困，苦不堪言；

在楚国为令尹（宰相），进行大刀阔斧的改革，帅楚军向南攻打百越，将楚国疆域扩展到洞庭湖、苍梧郡一带。并协助赵国打败故主魏国。

但吴起的变法招致了楚国贵族的怨恨，加上他为人贪图富贵，在楚王去世后，贵族叛变要杀吴起，吴起无路可退，死于楚国贵族叛军的乱箭之下。

有意思的是，吴起死前怀抱楚王尸首为自己挡箭，叛军的箭也射到了楚王身上，使得新王即位后，将冒犯国君尸体的贵族叛军全部杀光，有的甚至还被灭了族，可知吴起在将死的那一刻，就已经算定了要怎样为自己报仇了。

孟子

孟子（前 372—前 289），名轲，中国古代著名儒家思想家，战国时期儒家代表人物，邹国［今山东邹县］人，鲁国贵族孟孙氏的后裔。字号在汉代以前的古书没有记载。

齐宣公四十八年（公元前 408 年），齐国攻破了孟孙氏的食邑郕城，孟孙氏子孙遂分散于诸国。其中孟子的祖先从鲁国迁居到邹国（今山东省邹县），孟子便成了邹国人。

相传孟子的父亲名叫孟激，字公宜；母亲的姓氏也有仉氏与李氏之说。据说，孟子三岁丧父，孟母艰辛地将他抚养成人，孟母管束甚严，其“孟母三迁”、“断杼教子”等故事，成为千古美谈，是后世母教之典范。

孟子受业于孔子之孙子思的门下。学成后曾仿效孔子，带领门徒游说各国。但却不被当时各国所接受，于是孟子退隐，与弟子一起著述。有《孟子》七篇传世，孟子学说出发点又与孔子有别，其核心学说为性善论，提出“仁政”、“王道”，主张德治。南宋时朱熹将《孟子》与《论语》、《大学》、《中庸》合在一起称“四书”。从此直到清末，“四书”一直是科举必考内容。孟子的文章说理畅达，发挥详尽、气势充沛并长于论辩。

孟子之弟子万章与其余弟子著有《孟子》一书。继承并发扬了孔子的思想，成为仅次于孔子的一代儒家宗师，有“亚圣”之称，与孔子合称为“孔孟”。

心灵修养用语微解

恬静： 意为闲适，安静。

洞彻： 清澈见底，通达事理。

清贫： 生活清寒贫苦，贫穷而廉洁守节。

安忍： 意思是人生苦短，谬误偏多，邪说炽盛，圣教难闻。

无畏： 无畏，指无所畏惧；丝毫不害怕，没有恐惧感，勇往直前。

当下： 当下本是佛教用语，可是民间也广泛应用，当下就是现在的这一刻。

淡泊： “淡泊”，一是对于名利淡漠，不看重；二是家道清贫；三是恬淡寡欲。

理智： 仁义理礼智信。语出巴金《家》：“你的理智可以征服感情，我的理智则常被感情征服。”

责任： 对责任的理解通常可以分为两个意义。一是指分内应做的事，如职责、尽责任、岗位责任等。二是指没有做好自己工作，而应承担的不利后果或强制性义务。

恐惧： 恐惧，是一种人类及生物心理活动状态；通常称为情绪的一种。恐惧是因为周围有不可预料不可确定的因素而导致的无所适从的心理或生理的一种强烈反应，是只有人与生物才有的一种特有现象。

淡然： 淡然，常用义为淡泊，不趋名利。在对人生的态度里，淡然就是淡泊一切名利，“得意淡然，失意坦然”。这一态度在许多诗词中都有所体现。此外，淡然还有“淡漠”和“形容颜色浅淡”的意思。

丧恸：是对丧失或死别的多重反应。这些反应除了在感情上外，也包括生理、认知、行为、社交及精神的层面。所经验的很多事都与所爱的人离世有关，但同时亦可以是失去职业、宠物、地位、安全感或财产。反应可以随着性格、家庭、文化及宗教而有所不同。

信仰：对某种主张、主义、宗教或某人极其相信和尊敬。《法苑珠林》卷九四：“生无信仰心，恒被他笑具。” 周恩来《抗战军队的政治工作》：“要以耐心说服诱导的精神，争取官兵和人民的信仰，团结他们在革命主义与政纲的领导下而坚决奋斗。”巴金《小人、大人、长官》：“对长官的信仰由来已久。多少人把希望寄托在包青天的身上，创造出种种离奇的传说。”

瓶颈：瓶颈一般是指在整体中的关键限制因素。瓶颈在不同的领域有不同的含义。生产中的瓶颈是指那些限制工作流整体水平[包括工作流完成时间，工作流的质量等]的单个因素或少数几个因素。通常把一个流程中生产节拍最慢的环节叫作“瓶颈”(Bottleneck)。更广义地讲，所谓瓶颈是指整个流程中制约产出的各种因素。对个人发展来说，“瓶颈”一般用来形容事业发展中遇到的停滞不前的状态，这个阶段就像瓶子的颈部一样是一个关口，如果没有找到正确的方向有可能一直被困在瓶颈处。

进退有度：前进、后退都有规律。出处：西汉·戴圣《礼记·曲礼》：“进退有度，左右有局。”

细枝末节：比喻事情或问题的细小而无关紧要的部分。(出处) 西汉·戴圣《礼记·乐记》：“以升降为礼者，礼之末节也。”

披荆斩棘：拨开荆，砍掉棘，比喻在前进道路上清除障碍，克服困难。近义词：乘风破浪、一往无前 、高歌猛进。出处：南朝·宋·范晔《后汉书·冯异传》：“帝谓公卿曰：‘是我起兵时主簿也，为吾披荆棘，定关中。’”

高山流水：比喻知音难觅[自己知音]。也比喻乐曲高妙。出自战国·郑·列御寇《列子·汤问》：“伯牙鼓琴，志在高山，钟子期曰：‘善哉乎鼓琴，巍巍乎若泰山！’少选之间，而志在流水，钟子期曰：‘善哉乎鼓琴，洋洋乎若江河！’伯牙所念，钟子期必得之。”